U0004986

高齡犬飲食指南

教你如何依愛犬的身體狀態，
學會選擇食材 × 手作料理 × 正確餵食

俵森朋子◎著
高慧芳◎譯

7歳からの老犬ごはんの教科書：
シニア期の愛犬の体調や病気に合わせた食材選び、手軽な調理法、与え方の基本がわかる

晨星出版

一年又一年，年歲一同增長的愛犬們。

即使年齡一樣，

每隻狗狗的健康情形、體質、還有老化的速度

也都不一樣。

每隻狗狗都有各自適合的飲食。

對健康有益的餐食，

在不同的日子裏也會不一樣。

大家想不想用獨一無二的手作鮮食、來幫助狗狗

逐漸老化的身體呢？

前 言

　　早在一萬年以前，狗狗就選擇了與人類共同生活，一直陪伴在我們的身邊，為我們帶來了喜悅與療癒的效果。不論是偶然還是必然的相遇，與愛犬共渡的短短十幾年歲月中，每一天都充滿了笑容與滿滿的幸福，是無可取代的美好時光。所以在感覺到愛犬逐漸老化時，總是會覺得無比地感傷。

　　然後總有一天，結束的日子終究會來臨。而照顧愛犬到最後，是我們非常非常重要的任務。重要的不是「活到幾歲？」，而是我們能不能讓狗狗在最後一天來臨之時，都能活得「像隻狗狗」，能不能讓牠們在開始準備邁向下一段旅程之前，都可以快樂地吃飯、不遭受痛苦，最後放下心中對我們的掛念，安心地離我們而去。

　　相信大部分的飼主都希望狗狗能夠壽終正寢吧？儘管光靠飲食無法實現這個目的，但為狗狗親手製作鮮食，也是能夠向愛犬表達我們感謝之意的一種方式。屆時不管是以什麼樣的方式送別，相信都比較會不留遺憾。而狗狗快樂玩耍時的笑容、眼神閃閃發光等待吃飯的樣子，也都會成為將來溫暖人心的美好回憶。

　　高齡犬的飲食雖然有許多需要注意的地方，但製作時的喜悅也會成為狗狗的快樂，如果這些能夠轉化為狗狗生命中的活力，那是多麼讓人開心的事。衷心地希望所有拿到本書的讀者們，飼養的愛犬都能長長久久地陪伴在您的身邊。

俵森朋子

CONTENTS

前言 ································ 5

本書的使用方法 ··············· 8

CHAPTER.1

高齡犬飲食的基本知識與重點 9

高齡犬飲食的重點 **1**
給容易體寒的高齡犬能夠
溫暖身體的飲食！ ··············· 10

高齡犬飲食的重點 **2**
利用飲食與運動維持狗狗
容易衰退的肌力 ··············· 12

高齡犬飲食的重點 **3**
確實為狗狗補充水分才能保持年輕 ··· 14

高齡犬飲食的重點 **4**
攝取膳食纖維和發酵類食物
增加腸道活性！ ··············· 16

手作鮮食的基本知識 **1**
配合高齡犬身體狀況與症狀
選擇食材的方法 ··············· 18

手作鮮食的基本知識 **2**
了解愛犬合適的飲食分量和比例 ····· 20

手作鮮食的基本知識 **3**
用一個鍋子煮 10 分鐘完成鮮食的
基本製作流程 ··············· 22

手作鮮食的基本知識 **4**
不要過度遷就年紀！
高齡犬飲食的基本原則 ·········· 24

手作鮮食的基本知識 **5**
身體容易出現問題的高齡犬要特別注意
這些食材！ ··············· 26

手作鮮食的基本知識 **6**
料理方式可以改變食物的營養價值及
進食的容易度 ··············· 28

手作鮮食的基本知識 **7**
配合季節變化的飲食與照顧法 ····· 30

高齡犬與所謂的活著這件事 __1
我從接受現實而活著的高齡犬身上
學到的事 ··············· 32

CHAPTER.2

**防止狗狗老化的預防與
健康食譜** ··············· 33

狗狗該吃什麼是由年齡來決定的嗎 !? ··· 34

1 有助於維持免疫力的食譜 ······· 36
2 有助於眼睛保健的食譜 ········· 42
3 有助於耳朵保健的食譜 ········· 46
4 有助於腎臟保健的食譜 ········· 50
5 有助於心臟保健的食譜 ········· 54
6 有助於肝臟保健的食譜 ········· 58
7 有助於關節保健的食譜 ········· 62

汪汪照顧重點專欄 __1
高齡犬 Nadja 的夏季一週鮮食 ······· 66

特 別 感 謝

Oliver

Abbie

琪琪

點點

寅之助

尼可

繁縷

羅勒

米莎瓦

Pal

Mofi

Doug

Lou

Shima

CHAPTER.3

為高齡犬精心設計的零食 ───── 67

在春天能夠養肝明目的寒天凍 ───── 68
在梅雨季節能夠舒緩溼氣壓力的
水無月和菓子 ───── 69
在夏天能幫助身體散熱的方塊寒天 ───── 70
在秋天能夠改善血液循環和
養肝的甜菜糖 ───── 71
在冬天能夠溫暖身體和
整腸健胃的蒸蕪菁 ───── 72
初春時節能夠提升抗氧化力的
南瓜布丁 ───── 73
能夠補充鈣質的海鮮煎餅 ───── 74
補充鐵質的肝脆片 ───── 75
護肝護腎的麻炭鬆餅 ───── 76
保護關節的雞蛋鬆餅 ───── 77
幫助整腸的蘋果蕨餅 ───── 78
照顧呼吸道的地瓜糰子 ───── 79

高齡犬與所謂的活著這件事 ─ 2
Nadja 的飲食最近變得更加用心
補充水分 ───── 80

CHAPTER.4

為了與不同症狀的疾病
順利共存之健康食譜 ───── 81

1 罹患腎衰竭時的食譜 ───── 82
2 貧血時的食譜 ───── 88
3 腹瀉、便祕時的食譜 ───── 92
4 罹患甲狀腺功能低下症時的食譜 ─ 98
5 罹患認知障礙症候群時的食譜 ─ 102
6 罹患癌症時的食譜 ───── 106

汪汪照顧重點專欄 ─ 2
可作為高齡犬熱量來源的
印度酥油製作法 ───── 110

CHAPTER.5

富含營養的狗狗生日蛋糕 ───── 111

肝臟保健 ───── 113
腎臟保健 & 膀胱保健 ───── 114
心臟保健 ───── 115
提升免疫力 ───── 116
冬天溫暖身體 & 淨化血液 ───── 117
秋天呵護身體 ───── 118
春天排出毒素 ───── 120
夏天幫助散熱 ───── 121

高齡犬與所謂的活著這件事 ─ 3
感謝狗狗到現在還能夠慢慢地陪著自己
一起散步 ───── 122

CHAPTER.6

狗狗在需要長期照護後的
飲食與護理 ───── 123

1 對於照護期間的飲食飼主要能夠
靈活變通 ───── 124
2 防止狗狗嗆到的訣竅 ───── 126
3 特殊情況下能夠派上用場的食物！─── 128
4 照護期間更應該特別注意的
口腔護理 ───── 130
5 狗狗漏尿時的飲食與護理 ───── 132
6 為狗狗製作提高抗氧化能力的果昔 ─ 134
7 利用全營養食物的雞蛋料理
來補充營養 ───── 138

① 當狗狗符合下列的照護狀況或疾病時，即可參考本篇所介紹的食譜或食材選擇重點。

② 材料、食材前的項目符號代表以下各個不同的意義。關於詳細的分類方式可參考本書 P.30。
● 溫暖身體的食材（溫熱性）
● 不屬於兩者的食材（平性）
● 冷卻身體的食材（寒涼性）

③ 食譜中「材料」的分量是以 7 公斤左右的狗狗做標準，餵食時請參考本書 P.20 內容給於狗狗適合的分量。此外，也要視狗狗試吃後的身體狀況隨時做調整。

④ 不需要使用完全和食譜一模一樣的食材，如果可以找到營養素與食物屬性均衡的當季食材或推薦食材，也可以進行替換或加減調整。

⑤ 本書的照片中食材並沒有處理得很細緻。如果是消化功能較弱的狗狗或身體虛弱的狗狗，請參考本書 P.23 或 P.126 內容，盡量將食材切碎，或是燉煮之後用食物調理機打成糊狀，必要時還可以勾芡。

⑥ 配合各種照護方式或症狀介紹建議可以添加在飲食裡的食材，請按照所寫的分量餵食看看。

⑦ 本書所標示說明的分量，大致上可參考以下的說明。
・耳勺一匙＝約 0.02 公克
・一茶匙＝ 1/2 小匙＝約 2.5cc

⑧ 本書所標示的犬種體型，大致上為以下的體重。
小＝小型犬＝體重未滿 10 公斤
中＝中型犬＝體重在 10 ～ 25 公斤之間
大＝大型犬＝體重在 25 公斤以上

＊若狗狗經過獸醫師診斷患有疾病，請遵循獸醫師的指示餵食。
＊營養補充食品請遵照包裝上的指示餵食給狗狗。
＊狗狗之間會有個體差異，所以每一隻狗狗適合的食物也可能各不相同。如果本書介紹的餐食不適合狗狗的體質，請停止餵食，不要勉強繼續餵食。
＊有關手作鮮食的完整說明，也可參考筆者前作《打造毛小孩的美味餐桌》（台灣東販）。

CHAPTER.1

高齡犬飲食的
基本知識與重點

高齡犬飲食應該注意的重點是什麼？還有手作鮮食，應該要餵食到什麼樣的程度？本章彙整了飼主在準備高齡犬飲食時應該注意的基本知識和重點，提供大家在製作餐食之前參考。

給容易體寒的高齡犬能夠溫暖身體的飲食！

體寒為
萬病之源！

血液中負責免疫系統的白血球，在正常體溫時（狗狗的體溫為 38.5～39.2℃）是作用最活躍的時候。一般認為體溫每下降 1℃免疫力就會下降 30％，而每上升 1℃則免疫力會提高 5～6 倍。一旦免疫力下降，就有可能讓狗狗原有的宿疾惡化或罹患傳染病，身體的健康狀況也會變得容易出現問題。

高齡犬體寒的原因有許多，例如肌肉量減少、自律神經失調、體內多餘的水分無法順利排出而導致的水腫、身體脂肪增加所造成的隔熱效果、尤其是經常使用鎮痛解熱藥物等會讓身體發寒的藥物等等。所以請飼主記得要特意使用能夠讓狗狗身體溫暖起來的食材。

每天在狗狗的飲食中添加配料來對抗體寒

利用飲食幫助狗狗不易體寒的方法之一，就是在狗狗每天的飲食中添加一些有益的的配料，讓牠們的身體變得暖呼呼。這裡所介紹的四種食材，每一種都被認為具有讓身體溫暖的效果。現在就來每頓飯添加其中一種食材，天天照顧狗狗的身體吧！

乾燥的薑粉

每天
小 耳勺 1～2 匙
中 耳勺 1.5～3 匙
大 耳勺 2～4 匙

乾薑能促進循環達到溫暖身體的作用，在開冷氣的季節或晚秋到冬天的時節不可或缺的食材。

※ **小**＝小型犬、**中**＝中型犬、**大**＝大型犬

注意！

愛犬的身體有體寒的情況嗎？

- ☐ 肉墊、腳掌或耳朵平常摸起來冷冷的，
  尤其是在剛起床或散步後的時候
- ☐ 狗狗背部的脖子部位和尾巴根部摸起來
  體溫不一樣
- ☐ 牙齦發白
- ☐ 經常發抖
- ☐ 糞便摸起來冷冷的

COLUMN

從體外溫暖狗狗
也是有效的方法

利用溼毛巾用微波爐加熱後放在夾鏈袋內、將紅豆枕用微波爐加熱、幫狗狗穿上肚圍、溫灸（尤其是對腫瘤進行枇杷葉的溫灸）等方式，從外在溫暖狗狗的身體也是有效的方法，沿著脊椎慢慢從脖子移動到尾巴熱敷。

肉桂

每天
- 小 耳勺 2 ～ 3 匙
- 中 耳勺 3 ～ 4 匙
- 大 最多 1/2 小匙

肉桂具有防止微血管老化和修復的功能，是促進血液循環的草藥。餵食時僅需少量。

青紫蘇葉

每星期 2 ～ 3 次
- 小 1/2 片～ 1 片
- 中 1 ～ 2 片　大 約 2 ～ 3 片

被認為具有讓血液清澈的作用，可促進血液循環改善體寒現象，同時也具有強力的抗氧化作用。

洋香菜

每星期 5 ～ 6 次
- 小 約 1 公克
- 中 約 2 公克
- 大 約 3 公克

洋香菜特有的芳香成分派烯（pinene），具有能夠減少腸內壞菌、改善腸內環境的作用，透過整腸的功能能讓體溫上升。

CHAPTER 1 高齡犬飲食的基本知識與重點

11

利用飲食與運動
維持狗狗容易衰退的肌力

不管到了幾歲我都
好喜歡去散步喔！

50％的體溫是從肌肉和腸道產生的，所以如果肌肉量減少的話，產生體溫的能力就會下降，結果引發慢性的體寒現象，最後導致免疫力下降。

狗狗一旦年紀大了之後，會因為關節開始出現問題、眼睛變得看不清楚等各式各樣的原因，慢慢地減少散步量，肌肉量也逐漸減少。更進一步地，一旦變得無法自由行動，更是一定會讓肌肉量驟減，讓體寒的現象愈來愈嚴重。

所以為了維持肌肉量，狗狗必須攝取到足夠的優質蛋白質，才能製造出血液和肌肉。除此之外，透過散步等方式讓狗狗身體持續運動也是非常重要的一環。

給予狗狗足夠的優質蛋白質

雞肉

**所含的維生素 A
能強化免疫功能**

以雞里肌肉或雞胸肉為主，而雞肝內豐富的維生素 A 則具有強化免疫功能的效果。另外因為雞里肌肉內含有豐富的磷，所以為了保護腎臟不能給予高齡犬太多。

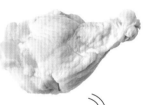

還含有豐富的硒可
以有效防止老化

豬肉

**所含的維生素 B1 是
牛肉和雞肉的 7～10 倍**

豬肉內富含一旦缺少會對神經系統產生巨大影響的維生素 B1。由於豬肉屬於肉類中較難消化的種類，所以在餵食超高齡犬時，盡量將肉切成薄片或選擇絞肉，且務必要與發酵食物一起餵食幫助消化，同時還要記得一定要將豬肉煮熟。

**富含的菸鹼酸能
有效活化腦神經**

牛肉內含有豐富的鐵、鋅和對腦神經

牛肉

有益的菸鹼酸，若是精力充沛的高齡犬，建議給予脂肪少的牛腿肉或牛菲力等紅肉。而若是食慾不好的超高齡犬，則可以餵給切成薄片的五花肉，少量就含有大量的營養。

馬肉

高蛋白質低熱量的馬肉很適合高齡犬食用

馬肉的蛋白質含量高、熱量低，即使只有少量也能攝取到充分的蛋白質，很適合食慾不好的高齡犬食用。因為是肉類中唯一的寒涼性食材且含有豐富的胜肽，能加強血液循環防止動脈硬化。

魚

豐富的 EPA 及 DHA 能維持心臟的健康

魚肉的蛋白質大多屬於優質蛋白質且易於消化與吸收，其中富含的 EPA 或 DHA 被認為很可能具有清澈血液的效果，此外還富含維持神經機能所需的維生素 B12，可預防認知障礙。

每個星期都選擇幾天製作魚肉料理吧！

是高齡犬理想的蛋白質來源

高蛋白質、低脂肪、低熱量的鹿肉，含有其他肉類幾乎都不含的 DHA，同時含有均衡的鐵質、鋅、維生素 B 群、鉀，以及豐富的多元不飽和脂肪酸，還具有能夠溫暖狗狗身體的特性。

鹿肉

COLUMN

散步和玩遊戲對於維持肌力也非常重要

當然，只靠著飲食是無法維持狗肌力的。趁著狗狗還年輕的時候，就要事先大量運動貯存肌肉，而在狗狗邁入高齡之後，則要在他們還可以活動自如的時期每天持續但不勉強地勤於散步，用心注意不要讓狗狗的肌肉減少。此外，每天也要安排一些時間，和狗狗快樂地玩遊戲。

每天都要帶我運動唷！

確實為狗狗補充水分才能保持年輕

2公斤的我大概需要220毫升的水唷～

狗狗身體的 60％～ 70％是由水構成的，若失去其中 15％以上的水分就有可能會危及性命。然而，水分會在呼吸、排尿、排便、發燒等日常的生活過程中自然散失。狗狗在邁入高齡之後，身體的保水力會下降，自發性的飲水量也會減少，一旦行走變得困難而不會積極地去喝水之後，可以想像很多狗狗都可能會變得有些許脫水的現象。每天讓狗狗確實地攝取水分、維持良好的消化吸收能力、透過日常照顧保持狗狗體內細胞及血液的新鮮，是比給狗狗吃什麼都還要更為重要的事。

狗狗一天所需的水分量是多少呢？

獸醫師公會推薦的「一天所需水分量」可利用右邊的公式計算出來。高齡犬則應該盡量少給予硬水，若是自來水等軟水則沒問題。不過如果狗狗患有急性腎臟病、心臟病（例如肺水腫）等疾病時，或是發生一喝水就全部吐出來的情況，則應該遵從獸醫師的指示。

一天所需水分量（毫升）
$=$
體重（公斤）$\times 0.75$ 的平方 $\times 132$

※ 從蔬菜或食物中也可以攝取到水分

隨時要為我準備新鮮的水唷！

水分量
約 **440**
毫升

體重：**5**公斤

多多益善，可以再多給一點水也沒關係唷～

水分量
約 **750**
毫升

體重：**10**公斤

如何讓狗狗確實攝取到水分？

給予富含湯汁的餐食

在餵飯的時候讓狗狗攝取到水分是最基本的方式。如果狗狗一天吃兩餐，那每餐可以加上一天所需水量的 1/3，製作成富含湯汁的餐食。如果利用燉煮食材的方式讓湯汁含有食材的味道，狗狗通常都會願意把湯喝光光。

利用黏性成分提升保水力

只讓狗狗喝水但體內無法保留水分的話，水還是會流失出體外。可以讓狗狗每天攝取山藥、納豆、海帶根、水雲褐藻、蓮藕等具有黏性成分的高保水力食材。

多花一些心思讓狗狗容易喝到水

如果是不太願意喝水的狗狗，可以在水裏加入狗狗喜歡的味道。例如加入羊奶、用少油脂肉類燉煮而成的湯汁、優格、柴魚片、蜂蜜等食物，或是將寒天（果凍）當成零食更好。

水分不足也是老化的原因之一唷！

大型犬不可以一口氣喝太多水唷！

水分量
約 **1,250** 毫升

水分量
約 **1,700** 毫升

體重：**20**公斤

體重：**30**公斤

攝取膳食纖維和發酵類食物增加腸道活性！

運動不足也是造成便祕的原因之一唷！

腸道除了是消化與吸收食物的器官之外，也擔負有產生 70％免疫力的重要工作。保持腸道的健康可以維持免疫力，換句話說，可以幫助讓狗狗遠離疾病。

而高齡犬容易有便祕的情形，一旦發生便祕就會讓壞菌繁殖，還可能會產生致癌物等有害物質或氣體，而這些物質最後會被腸壁吸收，進入血液內輸送到全身各處。如果想要消除便祕，就必須讓身體攝取水分與膳食纖維或發酵食品，將這些放在餐食內一同餵食狗狗就能順利地攝取到了。

富含膳食纖維的推薦食材

蔬菜

水溶性膳食纖維在腸胃道內可以吸收水分變成黏糊糊的凝膠狀，可以促進狗狗排便順利。

有很多種常見蔬菜可以選用

豆類

吸收水分後膨脹的豆類，具有刺激腸道蠕動的效果，一般認為對於預防便祕十分有效。

菇類

富含膳食纖維的菇類也含有豐富的 β 葡聚醣，能夠攻擊癌細胞、提升免疫力及抵抗力。

水果

水果中的木莓、金桔、奇異果、藍莓等也富含出類拔萃的膳食纖維。

海藻

海藻是一種富含水溶性膳食纖維的鹼性食材。由於屬於會冷卻身體的寒涼性食材，建議一星期攝取幾次即可。

推薦的發酵食品

甘酒

甘酒被稱為「喝的點滴」，具有溫暖腸道、增加益生菌、預防及改善便祕的效果。若作為餐食之間的補充水分之用，可用水稀釋再餵食。

納豆

同時含有均衡的水溶性與不可溶性兩種膳食纖維。小型犬可給予一小匙，中型犬給予兩小匙，大型犬則給予三小匙。

味噌

具有防止老化的效果，僅需少量就能夠補充鹽分（請參考 P.19）。若是吃乾糧的狗狗則不需要。

柴魚

鰹節（柴魚）中的「枯節」才是將荒節加以發酵的食品，請認明原料標示再購買。由於含有大量的鹽分和鈣質，餵食時每次只能給予少量。

起司

高齡犬建議選用脂肪少、富含維生素及鈣質、同時含有蛋白質的高營養茅屋起司。

優格

乳酸菌可以活化益生菌的活動性，具有消除便祕和改善下痢的效果。同時還能夠清理腸道，有益於提升免疫力。

蘋果醋

選用的蘋果醋最好是未加熱、未過濾而含有豐富醋酸，且殘留有發酵過程中所產生「醋母」的種類。小型犬的餵食量為一小匙，中型犬兩小匙，大型犬則是三小匙。

> 蘋果醋也可以促進腸道功能！

COLUMN

益生菌喜歡膳食纖維和發酵食品

腸道內的健康，要靠七成益生菌和三成壞菌這樣的均衡比例來維持。讓腸道打造成壞菌不易繁殖、益生菌容易繁殖的環境，可以讓消化吸收、黏膜免疫、以及全身免疫的功能正常化。為了達到這種目的，就必須攝取壞菌不喜歡的膳食纖維和發酵食品。

保持益生菌：壞菌＝

7 ： **3** 的比例！

配合高齡犬身體狀況與症狀選擇食材的方法

要讓我吃各式各樣的食物唷！

不論是肉類、魚類還是蔬菜，每種食材都各自有著重要的功能。即使是高齡犬，也應該盡量攝取各式各樣的食材，才能讓身體活得更長壽更健康。基本來說，狗狗能願意把蛋白質、蔬菜或菇類、以及營養補充食品等食物全部吃光光是最理想的。然而狗狗一旦因為食慾減退或身體持續不舒服的話，就有可能出現飼主花了再多工夫餵食，狗狗都不肯吃飯的情形。遇到這種情況時，請不要強迫餵食，而是先找出狗狗想要吃的食物。由於狗狗在本能上很可能也知道自己需要什麼和不需要什麼，所以讓牠願意自己從嘴巴把食物吃下去是非常重要的。

1 選擇肉類、魚類 ▶▶ 2 選擇蔬菜

首先選擇做為主食的蛋白質。以肉類為主，然後一星期給 2～3 餐的魚類，配合狗狗的身體狀況或症狀輪流替換。也可參考 P.12～13 和 P.66，或第 2 章、第 4 章的內容。

肉類

or

高齡犬也要經常吃魚肉喔！

魚類

接下來，以當季的蔬菜為主，選擇 2～5 樣的蔬菜、菇類或海藻。不用覺得「一定要加某樣東西」，靈活運用冰箱或家裡就有的食材也是能夠持續下去的長久之道。

當季蔬菜

> 一餐約加入1樣

當季蔬菜含有該季節所需的有效成分，即使是超市裡全年都有販賣的蔬菜也有產季，請先去了解一下喔！

先了解狗狗身體所需要的鹽分

很多人都覺得不能餵給狗狗含有鹽分的食物，但對狗狗來說，為了維持生命身體是不可以缺少鈉＝鹽分的。雖然魚肉、肉類和海藻內也含有鈉，但只靠這些很容易攝取不足。身體如果缺鈉的話會導致心臟功能衰退，所以仍應每星期一次地餵給少量鹽分。不過若是有在餵狗狗吃乾飼料的話，由於其中已經含有必需的量，所以不必再額外補充。

味噌	梅乾	岩鹽
每星期一次	每星期一次	每星期一次
小 約耳勺 1～2 匙	小 約一個小指甲的大小	小 約耳勺 1 匙
中 約耳勺 2～3 匙	中 約一個中指指甲的大小	中 約耳勺 2 匙
大 約最多 3～4 小匙	大 約兩個小指甲的大小	大 約耳勺 3 匙

※ 小＝小型犬、中＝中型犬、大＝大型犬。耳勺 1 匙＝約 0.02 公克

養生蔬菜	菇類或海藻
＞一餐約加入1～3樣	＞一餐約加入1樣
請參考第 2、第 4 章，根據狗狗身體症狀的照護重點選用蔬菜，當然如果能選擇當季的更好。	一般認為菇類或海藻具有支持免疫力的功用。這兩種食材在乾燥後都很容易保存，家中可以常備。

3 選擇額外添加的小佐料

以第 2、第 4 章照護相關內容提到的食物為主，選擇油類、營養補充食品、香草植物等小佐料添加在餐食中。

了解愛犬合適的飲食分量和比例

觀察我們的身體狀況是很重要的喔！

手作鮮食最讓人煩惱的，就是營養的均衡和分量。首先可以根據愛犬的體重，決定肉類或魚類等主食的蛋白質量，接著再準備體積和主食相同或稍微多一些的蔬菜。雖然有許多人認為高齡犬應該減少肉類的攝取量，但蛋白質對高齡犬來說是很重要的。即使在控制熱量的情況下，記得也要多一點蛋白質。

當狗狗因為身體不舒服或生病而食量變小、食慾時好時壞的時候，很可能會出現即使有吃飯肌肉量仍舊減少或變瘦的情形。遇到這種情況時除了要與獸醫師討論，同時也要記得比起營養均衡，狗狗願意吃飯更為重要。

各種食材的比例

相對於肉類或魚類，由於蔬菜的量不是用重量而是以外觀的體積來決定的，所以蔬菜的比例只要抓個大概即可。不需要像人類的餐食一樣每餐都要追求完美的營養均衡，不要求完美才是能夠將手作鮮食持續下去的長久之道。

以外觀體積來估算

肉類或魚類：1

首先決定肉類或魚類的分量

肉類或魚類的分量可利用右上表的內容決定。即使是同樣的體重，分量也會因為狗狗不同的運動量而有變化，請觀察愛犬的樣子進行調整。內臟類最多只能佔整體分量的30%

蔬菜：1~2

配合肉類或魚肉的體積加入蔬菜

配合肉類或魚類的分量，以它們烹煮前的外觀體積而非重量為參考標準，加入等量或稍微多一點的蔬菜或菇類。如果狗狗之前比較少吃蔬菜，則要循序漸進地從少量開始。

狗狗每天所需之蛋白質攝取量標準

體重	蛋白質需求量	牛肉	豬肉、馬肉、青魚類	鹿肉、白肉魚	雞肉、紅肉魚
2公斤	7.23～8.41公克	34～40公克	36～42公克	32～37公克	30～35公克
5公斤	14.38～16.72公克	68～79公克	72～83公克	63～73公克	60～70公克
10公斤	24.18～28.12公克	114～132公克	114～132公克	120～140公克	106～123公克
20公斤	40.67～47.29公克	191～222公克	191～222公克	202～235公克	178～207公克
30公斤	55.12～64.09公克	259～301公克	259～301公克	274～319公克	242～281公克

計算公式

成犬每日蛋白質攝取量（公克）＝

4.3～5×代謝體重（體重（公斤）的0.75平方）

- 每天散步1小時左右的高齡犬　×**1**
- 運動量較多的高齡犬　×**1.2**
- 幾乎躺著不動的高齡犬　×**0.7**

再加上水或配料等食物

碳水化合物：0 ～ 0.5

不加碳水化合物也沒關係

一般來說狗狗的鮮食並不需要每餐都加碳水化合物。運動量較大的狗狗可加入少量。由於大多數的日本犬種在給予少量的米飯時可以調整腸胃功能，所以如果是容易下痢的日本犬種，可以加入少量打成糊狀的粥。

注意不要給予大型犬過多的肉類魚類，以及超小型犬可能會攝取不足

狗狗的體格與內臟的比例以體重12 ～ 13 公斤的柴犬最為均衡，大型犬的肝臟與體格比起來格外地小，相反地超小型則是特別地大。所以如果單純以體重的倍數來計算蛋白質的分量，就有可能出現大型犬的肝臟負擔過大，而超小型犬卻血液量不足的情況出現，請大家要特別注意。

用一個鍋子煮 10 分鐘
完成鮮食的基本製作流程

先輕鬆地
挑戰看看

由於狗狗的手作鮮食以營養最為優先，不需要太過在意外觀和口味，所以實際上比準備人類的飲食更為簡單。本書所推薦的含湯汁餐食，就和人類所吃的把所有食材都煮在一起的雜菜粥一樣，只要用鍋子將水煮沸然後將食材放入加以燉煮就可以完成。大家可以在準備人類餐食的同時，旁邊再另外用一個鍋子迅速製作完成。每餐飯大概都只需要十分鐘就可以製作完畢。另外，由於有些食材如果加熱的話可能會造成營養流失，還有些食材最好要另外烹煮，大家可以參考本書 P.28 ～ P.29 的內容，確認不同食材的調理重點，在製作的同時學會這些料理的訣竅。

用鍋子將湯汁煮沸

在 鍋 子 裡 加 入 P.14 ～ P.15 狗狗每天所需水量的 1/3，開火煮沸。也可以在水裡加入家中常備的蜆湯、昆布水或雞湯提味。

**在等待湯汁煮滾的
期間將食材切好**

在等待湯汁煮滾的期間，將適合愛犬食用的食材切好。基本上肉類或魚類切成一口大小，蔬菜或菇類則切碎。

注意不要
煮過頭喔！

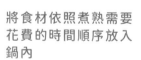

**將食材依照煮熟需要
花費的時間順序放入
鍋內**

湯汁煮滾之後，將肉類或魚肉、比較硬的蔬菜、比較軟的蔬菜依照煮熟需要花費的時間順序放入鍋內燉煮。根莖類蔬菜可以直接磨成泥加入鍋內。

真是個連效率都考
慮在內的煮法呢～

配合狗狗的健康狀況將食物切碎餵食

如果是消化功能不好的狗狗或是超高齡犬，最好將食材切碎並仔細燉煮後再餵食。或是在烹煮好之後用食物調理機打成糊狀也是一種方法。記得要配合愛犬的健康狀況，多花一些工夫讓狗狗更容易將食物吃下去。

精力充沛的活力高齡犬

如果狗狗在邁入高齡之後依舊可以和年輕的時候一樣站著吃飯，在咀嚼上也沒有什麼問題的話，食物可以不用切得那麼碎；在某種程度上讓狗狗咀嚼對身體也很重要。

體態或咀嚼能力逐漸衰退的狗狗

如果狗狗在吃飯時開始有食物會從嘴巴掉落出來，或是經常低頭、食物吞嚥不易的樣子時，就要將食物切得更碎之後再餵食。

需要用針筒等工具餵食的時候

當狗狗有持續下痢或便祕的情形時，或者是無法自行進食必須用針筒或其他容器餵食的時候，則應該將食物弄碎成這樣的糊狀後再給予。

---

④

煮熟之後倒入狗碗之中

食材煮熟之後關火，從鍋裡倒入狗碗之中。由於熬出來的湯汁內也有營養，請不要丟掉，一起放入狗碗內。

也可以將湯汁勾芡。

⑤

在食物放冷的期間將食材弄碎

可以直接等待食物放冷，或是如果比較急的話可以利用保冷劑等方式冷卻。等待冷卻的時間可以用手將食材剝成更小塊。

⑥

最後在食物上加上配料

在食物沒有餘熱之後，將含有不耐熱營養素的配料灑在食物上，再用手將食物攪勻後就完成了。必要時將食物弄得更碎後再餵食。

 完成！

不要過度遷就年紀！
高齡犬飲食的基本原則

我可不會輸給
年輕狗狗唷

原則
1

輪流
替換食材

狗狗和人類一樣，如果一直吃一樣的食物也會覺得十分痛苦。不論是多好的食材或狗食，都記得要經常輪換。任何食材都是要在適量下才會發揮其效果，一旦過量就有可能變成毒藥。營養補充食品也要有休假日。即使是乾飼料，也要記得輪流替換。

原則
2

積極選擇
當季的食材

當季的食材中富含身體在該季節所需的必要成分。例如在春天時體內肝臟的功能會特別活化，這是身體為了將冬天累積的代謝廢物排出體外所致，這個時候帶有苦味的春季蔬菜就具有極為超群的解毒效果。只要狗狗沒有因為生病而需要特別避免的成分，就可以盡量讓狗狗攝取。

冬天

夏天

原則
3

利用富含湯汁的餐食
來補充水分

狗狗一旦邁入高齡後身體的保水力就會下降，從嘴巴喝入的水量也會減少，一旦攝取的水分不足，內臟及細胞就無法發揮正常功能。特別是在狗狗食慾時好時壞或是沒有食慾的情況下，雖然也要找出狗狗能夠吃下去的東西，但更重要的是要優先補充水分。

含有滿滿的
水分！

原則
4

維持原有的肉類攝
取量，但改為高蛋
白質低熱量的肉類

狗狗的吸收能力會隨著老化程度而愈來愈差，所以形成血液和肌肉的蛋白質吸收量也很可能會減少。如果因為狗狗老了就減少肉類或魚類的蛋白質攝取量，很可能會導致免疫力下降。因此這個時候反而應該要觀察狗狗老化的狀態，改成高蛋白質低熱量的肉類。

鹿肉

雞胸肉

羊肉

雖然都稱為高齡犬，但由於每隻狗狗在年齡上和品種上有著很大的個體差異，每隻狗狗的狀態其實是大不相同的。如果要說狗狗幾歲之後就應該把飲食和生活方式完全切換到老年狀態，這種說法未免有些草率。面對還很有精神的狗狗，如果用高齡犬的方式對待牠，反而會讓牠原本擁有的身體機能逐漸衰退。因此飼主們應該做的，是仔細觀察愛犬的身體狀況與變化，選擇最符合眼前愛犬狀態的食物給牠。

此外，也不要執著一定要用手作鮮食或一定要怎麼做，這樣會過於偏頗。最重要的還是愛犬與飼主的健康與幸福。

原則 5

增加狗狗餐食的種類

雖然有些人在狗狗邁入高齡後開始為狗狗製作鮮食，不過其實不管是哪種食物都有其優缺點，重要的是狗狗與家人的生活型態是否能夠配合。所以在某些日子裡也可以餵狗狗吃乾飼料，記得不要過度拘泥於某種食物。

生食

乾飼料

原則 6

多花一些心思讓高齡犬進食時更為容易

狗狗就像號稱的「用胃吃飯」一般，吃飯時會把食物一口吞下後再用胃去消化，然而牠們的消化能力也會隨著老化而衰退。飼主可以多花一些心思，將食物的湯汁做得更為黏稠、選擇絞肉或薄切的肉片、蔬菜燉煮久一點、用壓力鍋將軟骨或魚骨燉得更軟等方式，讓狗狗更容易下嚥和消化。

做成肉丸吃起來更容易。

原則 7

增加狗狗用餐的次數

如果狗狗出現無法吃完整頓飯、吃完飯後口腔黏膜變白好像貧血的樣子、或是吃完飯後焦躁地走來走去等現象時，有時候可能是因為飯量太過於負擔的關係。可以試著配合狗狗的健康狀況，將一天的飲食分為三餐左右，晚上睡覺前再給少量的發酵食品或乳製品，讓胃部不要太空。

一天可以分成3～4餐。

原則 8

用手攪拌食物可以讓營養更為提升

有不少生病的狗狗或高齡犬必須飼主用手餵食才有辦法吃飯。手上有許多常在菌，也包含著飼主的心意，對狗狗來說是獨一無二的營養補充品。不論是手作鮮食還是乾飼料，請試著用手攪拌一下，在食物裏灌注「這個很好吃，吃了才會有精神」的心意吧！

給狗狗吃之前用手攪拌一下。

CHAPTER 1 高齡犬飲食的基本知識與重點

身體容易出現問題的高齡犬要特別注意這些食材！

不要什麼東西都拿給我吃唷！

在餵食方法上需要特別注意的食材

對高齡犬、尤其是超高齡犬來說，有些食材只要稍微吃到一些就很容易讓身體出現拉肚子等不良的反應。雖然也不需要太過於神經質，但還是希望大家可以盡量地避免這樣的風險發生。

十字花科蔬菜

▶▶ 患有甲狀腺疾病的狗狗不能吃

由於十字花科植物中的甲狀腺腫素（goitrogen）這種成分對於患有甲狀腺疾病的狗狗會妨礙對碘的吸收，所以不能餵食。而若是要給高齡犬吃，也務必要煮熟，可以減少對甲狀腺的影響，也比較容易消化吸收。

茄科蔬菜

▶▶ 煮熟後才能餵食

即使是健康的狗狗也要煮熟後才能餵食。而若是患有關節疾病的狗狗，由於很可能會造成疼痛所以要有所節制。順帶一提，香菸中的菸草也屬於茄科，所以請不要靠近患有關節炎的狗狗。

內臟類的肉

▶▶ 注意不要餵食太多

雖然內臟類的食物含有豐富的維生素與礦物質，但若是維生素A攝取過多會對肝臟造成負擔。如果每星期餵1～2餐的話，每餐的量不要超過整體肉類的30％，如果每天都會給的話，則每餐不要超過狗狗體重的0.1％。

穀類

▶▶ 如有餵食請控制在少量

每頓飯中加入的穀類不建議超過肉類或魚類的量。而且為了避免消化不良，最好與肉魚類分開餵食，並且要燉煮久一點或是直接打成糊狀。

大豆類

▶▶ 最好煮熟後再餵食

除了正在發酵的大豆之外，其他生的大豆、豆漿、豆渣會黏附在腸黏膜上阻礙腸道的運動，有時會誘發狗狗拉肚子的現象。對於腸胃比較弱的狗狗，務必要將大豆類食品徹底煮熟後再餵食。

雞蛋

▶▶ 蛋白務必要煮熟

由於生蛋白所含的抗生物素蛋白（Avidin）會妨礙生物素（Biotin）這種必需維生素的吸收，所以務必要將其煮熟，否則可能會出現食慾不振、流口水、皮膚炎、脫毛等症狀。

大家應該都知道，人類平常在吃的食物中，有些東西對狗狗來說是很危險的。就算飼主沒有打算讓狗狗吃到，有時候狗狗還是會誤吃下去，這一點要特別注意。除了這些食物之外，狗狗在生病或是某些狀態下，也有需要特別小心或避免的食物。關於這一點在各疾病適合飲食的章節內還有詳述，請大家再去參考。

會造成中毒的危險食材

有些食物的成分人類吃了沒問題，但會導致狗狗中毒；內含這些食材的食物一定要小心，不要讓狗狗誤飲、誤食或偷吃。

石蒜科蔥屬

其中含有名為烯丙基丙基二硫化物（Allyl Propyl Disulfide）的成分會破壞紅血球，及有可能引起狗狗貧血。大蒜如果是少量的話則沒關係。

葡萄、葡萄乾

可能會引起急性腎衰竭的水果。狗狗會出現食慾減退、無精打采、嘔吐下痢、腹痛、尿量減少、脫水等症狀。

尚未成熟的櫻桃、青梅及其果核

未成熟的櫻桃和青梅其果核及果皮部分含有對狗狗有害的氰化物。務必要特別小心狗狗在梅雨季節誤食到掉落在路上的青梅。

巧克力

巧克力所含的可可鹼成分會在1～4小時內引起狗狗嘔吐下痢、興奮、多尿、痙攣等中毒症狀。中毒劑量為體重每1公斤吃入100毫克（mg）。

木糖醇

木糖醇會引起狗狗體內分泌過量的胰島素而造成急性的低血糖。中毒劑量為體重每1公斤100毫克。症狀為下痢嘔吐、無精打采、顫抖等。

COLUMN

高齡犬還要特別小心，避免噎到食物

由於高齡犬的吞嚥功能會逐漸減弱，當牠們狼吞虎嚥的時候要特別小心噎到食物。一旦應該從口腔進入食道的食物不小心進入到氣管的話，可能會造成吸入性肺炎甚至危及性命。

黏在喉嚨的食物

含有澱粉黏性很高的食材，可能會黏附在口腔裡或食道而造成窒息。薄片狀的食物也很容易黏在口腔中或喉嚨上。

含有大量水分的食物

咬起來爽脆含有大量水分的水果等食物，光是其中的水分也可能有嗆到氣管的危險。最好將其弄碎後再餵食。

料理方式可以改變食物的營養價值及進食的容易度

我喜歡吃炒過的肉肉！

食材要怎麼切？要磨成泥嗎？還是直接生食？要用煮的、烤的或是用蒸的？不同的料理方法，可以改變食物的營養價值、更方便進食，也可以改變消化的容易程度。尤其是消化能力較差的高齡犬，更是需要幫牠們把食物料理得容易消化。

此外高齡犬還會有自律神經失調、齒牙動搖、食慾減退的情形，這個時候食物的嗜口性就非常重要了。無論吃多吃少，是否能自行進食對身體的健康情形有著很大的影響。以狗狗來說，即使視覺和聽覺衰退，嗅覺也不會輕易地衰退。給予香味濃厚的食物，或是透過料理方式引出食物的香味，也是刺激食慾的一種方法。

肉類

▶生食

由於生肉的香味較淡，初次嘗試的狗狗可能會不夠喜歡。其滑韌的口感可能會讓狗狗覺得怪怪的，所以也可以將表面稍微燒烤一下。

▶煎炒

肉在煎炒過之後引出的香味可以促進狗狗的食慾。狗狗在食慾不好的時候，如果能將肉煎過或炒過再餵給牠們的話，狗狗可能會願意吃下去。

▶水煮

水煮是本書所介紹的主要料理方式。可以將肉類與蔬菜一起燉煮節省時間與工夫，還可以降低病原體感染的風險。

▶蒸

雖然比較費工夫，但食物在蒸過之後香味會更為濃縮，有時比燉煮更能促進食慾

魚類

▶青魚類

由於有重金屬殘留的可能性，請將頭部與內臟去除後再料理。沙丁魚等魚類的魚骨較軟，可在仔細燉煮後餵食。

▶河魚

香魚或西太公魚等魚類在燉煮過後整條魚從頭到尾都可以食用。

▶魚骨或魚頭

帶骨魚肉的價格較為便宜，且比魚肉片的營養還要豐富。記得要將魚鱗仔細去除，並在烹煮後將骨頭確實清除乾淨。

生魚片要煮熟再給我吃唷！

狗碗的材質會影響到狗狗的健康嗎？

狗碗的材質如果容易刮傷的話，容易讓細菌深入而不夠衛生。陶器則容易摔破，且有些狗狗還可能對釉藥有不良反應。而瓷器或玻璃器皿對身體則是幾乎沒有不良影響，建議使用。

塑膠碗 △

容易刮傷，且據說可能成為引發內分泌失調、癌症、糖尿病、精神異常等疾病的誘因。

不鏽鋼碗 △

雖然不易刮傷比較衛生，但可惜因為重量輕容易移動，且外觀看起來也不夠溫暖。

瓷碗 ○

食物容易冷卻，且相對上較為堅固，對身體也幾乎沒有不良影響，很適合狗狗使用。

根莖類蔬菜

▶磨成泥

白蘿蔔、牛蒡、蓮藕、馬鈴薯等根莖類蔬菜，如果磨成泥後再與其他食材一起燉煮，可有助於消化及吸收。山藥若經過加熱會減少其中的消化酵素，因此請在食物的餘熱散掉後再磨成泥加進去。

葉菜類蔬菜

▶另起一鍋水煮

菠菜、小松菜、春菊等青菜因為含有較多的草酸，可能成為草酸鈣結石的誘因，因此應先下鍋水煮一次（另起一鍋水煮）並將水擠乾。與柴魚或起司等含鈣質的食材一起餵食的話可將草酸去除掉。

其他
蔬菜

▶切碎後確實煮透

將南瓜或薯類等用手就能捏碎的蔬菜切成適當大小，除此之外的蔬菜則細細切碎。以高齡犬來說，為了不對消化造成負擔，幾乎所有食材都要確實煮透。雖然加熱會讓不耐熱的營養素流失，但如果連同燉煮過後的湯汁一同餵食，狗狗仍可以攝取到溶解出來的維生素。

菇類

▶加以曬乾

菇類不要水洗，如果是舞菇或鴻喜菇就撕成小塊，若是香菇、杏鮑菇或金針菇則切碎，鋪開放在簍筐內日曬 2～3 天，待其曬乾後放到密封袋裡冷凍保存。這種方式可以大幅度提升菇類的營養價值。曬乾後的菇類還可以磨成粉末餵食。

配合季節變化的飲食
與照顧法

一到了夏天就
沒什麼食慾呢！

日本是個四季分明的地方，各個季節之間的氣溫與溼度是截然不同的。就像植物在不同季節有不同的樣貌一樣，動物，特別是一整年身上都被覆著獸毛的狗狗們，身體會受到季節強烈的影響。因此在不同季節的保健方面，最基本的就是選擇當季的食材來餵食。而飼主如果能夠事先了解到狗狗在不同時期的身體狀態，在牠們的健康管理上應該也會更加容易。

另外，本書有多處內容均有納入東洋醫學的觀念，而其中藥膳也是四季養生保健的一大重點。飼主可配合季節、環境以及愛犬的身體狀態，利用整體食材取得溫熱性及寒涼性上的均衡比例。

飲食上的均衡比例

在藥膳的觀念上，所有的食材可分為讓身體冷卻下來的「寒涼性」、讓身體溫暖起來的「溫熱性」、以及不冷不熱的「平性」三種食材。而我們可以根據季節和狗狗的身體狀況，改變三種食材的比例來餵給狗狗。

	溫熱性	平性	寒涼性
基本概念 **春天、秋天**	2	6	2
夏天	1	6	3
冬天	3	6	1

最怕又溼又熱的天氣了！

促進血液循環，
消除身體寒意

冬天對高齡犬來說，是容易全身發寒而讓身體感到疼痛的季節。尤其是血液循環不良引起的關節痛或腎功能的衰退更要特別注意。據說高齡犬經常發生的腎衰竭就有許多案例是在冬天發病的。因此這個時候要給予狗狗能夠溫暖身體的食材，以及將體內多餘水分排出體外的食材。

建議加入的食材

●能將多餘水分排出體外的食材（例如紅豆、海藻類）
●溫暖身體的食材（例如南瓜、無菁、乾薑粉、甘酒）

強化身體
排毒能力

在春天這個新芽初生的季節裡，身體為了將冬天累積的代謝廢物一口氣排出體外，肝臟會開始比平時發揮更多的功能。此時就要利用食物來確實強化身體的排毒能力。雖然可能多少會出現軟便等現象，但非疾病造成的拉肚子很可能是一種排毒的反應。

建議加入的食材

●帶有苦味的涼性蔬菜（例如春菊、西洋芹、萵苣、牛蒡）

由於天氣比較乾燥，
要特別注意保溼

舒適的秋天能夠讓心情從高溫多溼的夏天得到解放。可是需要保持溼潤的細胞開始變乾的話，就會產生問題：例如氣管黏膜變乾就會咳嗽不止、腸道黏膜變乾就會讓排便不順暢、皮膚過於乾燥就可能造成褥瘡，所以幫身體保溼是非常重要的。

建議加入的食材

●保護黏膜的食材（例如山芋、里芋、菇類）
●大量的水分

	冬天	春天
	需要照顧的部位： **腎臟、耳朵**	需要照顧的部位： **肝臟、眼睛**
秋天 需要照顧的部位： **肺部、皮膚、氣管**		梅雨季 需要照顧的部位： **脾臟**
	夏天 需要照顧的部位： **心臟**	

去除溼氣，保健脾臟

近年來的梅雨季節時間長、溼度又高，對於身上被覆毛髮的狗狗來說是很不舒服的季節。這個時期的高齡犬會因為脾臟的溼氣太重而食慾不振，還經常容易發生下痢嘔吐的情形。雖然去除溼氣不容易，但還是可以利用食材來幫狗狗保養。

建議加入的食材

●能去除溼氣、幫助身體排出多餘水分（例如玉米、豆芽菜）

減輕心臟的負擔以及
注意不要因為空調而受寒

氣溫持續超過 35℃ 的夏天是最容易對心臟造成負擔的季節。而涼爽的室內與炎熱的室外之間的溫差，會讓血管比平常更為收縮，心臟的幫浦作用也不得不一直運作，變得一下加強一下減弱。另外，也要注意不要讓狗狗因為空調而受寒。

建議加入的食材

●能讓心臟能夠順暢跳動的食材（例如青魚類、亞麻薺油）
●有益循環的食材（例如肉桂）

我從接受現實而活著的
高齡犬身上學到的事

高齡犬特別惹人疼愛。當然，天真可愛的幼犬不管怎麼看都非常可愛，我們在看到牠們時很自然地就會露出微笑。不過比起這樣的可愛，高齡犬的身上更多了十幾年的歷史以及信賴，牠們與飼主之間的，是無可取代的感情與熟稔程度。

我家的老奶奶犬，是一隻名叫 Nadja 的 17 歲迷你雪納瑞，從可以說是超高齡期的 13 歲起，牠無法做到的事情就開始一點一點地不斷地增加。我猜想狗狗自己一定也會覺得很不安、很困惑吧！但是，牠還是百分之百地活在當下，完全地接受目前的現實而生活著。牠不會拿現在的自己與可以做到許多事的過去相比而失望，牠只會依偎在飼主身邊，態度淡然地生活著。

人類（包括我自己）經常會忍不住與自己過去光榮的時刻相比，或是感嘆過去時光的美好……，但狗狗就沒有這麼無聊的想法，而是純粹、單純且直接地活著。只要和高齡犬一起生活，就能夠從牠們身上看到許許多多值得學習的生活道理。

當然，一旦辛苦的照護生活變得愈加困難，很多事就會變得不那麼美好。我就曾經因為照顧幾乎只能躺著的老奶奶犬持續了兩年半，而有過身心俱疲、心力交瘁的經驗。當時對這些事情還不熟悉的我，在某些夜晚裡只能感受著束手無策的感覺。儘管這樣的時間總有一天一定會結束，但至今為止，每當想起結束的那一刻來臨時束手無策的自己，那種慘痛又無力的心情仍會不時湧上心頭。

雖然知道自己與 Nadja 能夠繼續在一起的時間已經沒有那麼充裕，但我並不擔心結束的那一天，也不抱持過度的期待，因為半夜的照護工作也是牠活著陪伴我的一種證明。我珍惜著今天與每一天，看著牠大口吃飯、看著牠睡得香甜、看著牠慢吞吞地陪我散步，這些瞬間，是如此地令人感到喜悅與感恩。希望牠明天，也能夠開心地大口吃飯。

好吃又對身體好的
食物最棒了！

CHAPTER.2

防止狗狗老化的
預防與健康食譜

狗狗在過了 7 歲之後，雖然不一定會被診斷出疾病，但總有一種牠們開始老化的感覺。這裡所整理的，就是建議在這種時期給狗狗吃的預防與健康食譜。本章以不同部位或症狀為重點介紹適合狗狗食用的食譜與食材，希望大家能夠參考。

狗狗該吃什麼是
由年齡來決定的嗎!?

如果把狗狗的年齡換算成人類的話……

小型犬		2 歲	7 ～ 8 歲	13 歲
中型犬		2 歲	6 ～ 7 歲	11 歲
大型犬		2 歲	5 ～ 6 歲	10 歲
人 類	24 歲		50 歲	80 歲

依舊很有活力

精力充沛的高齡期

日常生活幾乎和青年期一樣,但開始長
出白毛、聽力逐漸變差、不再像以前可
以玩個不停,代謝能力開始下降的時期。

飲食上的建議

● 若依舊給予相同的分量狗狗可能會因為熱量消
耗變少而容易變胖,所以要一邊觀察狗狗的體
型一邊進行調整。不過即使減少了食物的熱
量,也不能減少蛋白質的量。

● 若在意狗狗的血液檢查結果或身體上的徵兆,
可開始利用食材或營養保健品進行保養。

需要某些程度上的照護

緩慢生活的高齡期

散步開始變得慢慢走,站起來坐下去的動作也
變得需要花比較多的時間。容易疲倦、代謝能
力開始大幅下降的時期。

飲食上的建議

● 由於內臟機能、味覺、嗅覺開始衰退,食慾會變得時
好時壞。可將食材煎炒過提高香氣,或試著加入地瓜
或蜂蜜等可以感受到甜味的食材吸引狗狗。這個時期
也可以開始考慮是否要將餵食的次數增加。

● 要維持狗狗的免疫力,記得不要極端地減少蛋白質,
且要使用抗氧化能力佳的食材,以及能夠調整腸道內
環境的食物。

狗狗在成犬時期的體格於不同犬種間大不相同，而實際上牠們年歲增長的狀態也是各有不同。所以如果只是概括地把 7 歲以上的狗狗都算做高齡犬的話，那就太草率了。以人類來說，人在過了 50 歲之後免疫力只剩下一半，在 80 歲左右時免疫力大概只剩下十分之一的程度。若將此對照到狗狗身上的話，大家可能會比較容易想像愛犬正處於牠們生涯中的哪個階段。順帶一提，在金氏世界紀錄中狗狗最長壽的紀錄是 29 歲喔！

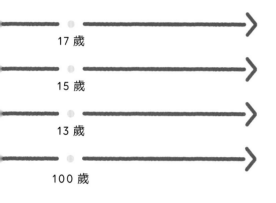

17 歲

15 歲

13 歲

100 歲

在日常生活上需要完全地照護

垂垂老矣的高齡期

變得無法自行進食或是無法起身，代謝能力也極度衰退的狀態。

飲食上的建議

● 狗狗變得無法將食物舔起來或不易吞嚥的狀態。此時要特別小心狗狗嗆到或噎到（請參考本書 P.127），食物應製作成容易吞嚥的型態，同時在外型上也要避免可能會噎到的形狀。

● 選擇高蛋白質、高熱量的絞肉等量少但能夠有效率攝取到蛋白質和脂肪的食材。

● 狗狗想吃多少就盡量給牠吃也沒關係，不用顧慮體重。相反地，狗狗不想吃的食物也不要強迫牠吃。

● 要確實補充水分。

計算公式

換算成人類的年齡＝

小型犬：24 ＋ (狗狗年齡－2)× 5

中型犬：24 ＋ (狗狗年齡－2)× 6

大型犬：24 ＋ (狗狗年齡－2)× 7

※ 以 9 歲的小型犬為例，24+(9-2)×5=59，所以相當於人類的 59 歲。

Check！檢查狗狗老化的徵兆

- ☐ 睡覺時間大幅度地增加
- ☐ 走路變慢、起身所需時間變長，敏捷性變差等
- ☐ 變得不太喜歡玩
- ☐ 出現漏尿的情形
- ☐ 白毛增加
- ☐ 掉毛變多
- ☐ 皮膚變得乾燥、皮屑變多
- ☐ 體表長出疙瘩
- ☐ 叫牠也沒反應，聽力變差
- ☐ 眼睛變得混濁、會撞到物品
- ☐ 鼻頭乾燥
- ☐ 口臭漸漸變嚴重
- ☐ 體型改變，變得愈來愈胖或愈瘦
- ☐ 腰圍變細

有助於**維持免疫力**
的食譜

若想要從飲食方面來預防老化，有 3 個關鍵點要特別注意。那就是選擇具有出色抗氧化作用的食材、調整腸道功能來維持免疫力、以及選用能促進血液循環的食材讓身體不要受寒。

夏天的促進血液循環料理

鰹魚飯

春天的排毒料理

豬肉丸子

狗狗有下列情形時建議開始餵食
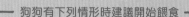

☐ 散步的速度變得愈來愈慢
☐ 出去散步沒多久馬上就想回家
☐ 遊戲只玩一下下馬上就想結束
☐ 睡眠時間變得愈來愈長
☐ 白毛變得愈來愈多

秋天的豐富礦物質料理

鱈魚飯

冬天的提高體溫料理

鹿肉飯

春天的排毒料理
豬肉丸子

含有豐富維生素 B 群的豬腿肉可幫助狗狗將冬天累積的代謝廢物排出體外，提高春天的免疫力！

材料

- ★水（或泡過昆布的水）⋯ 250 毫升
- ●豬後腿肉之絞肉⋯ 80 公克
- ●彩椒（紅椒、黃椒）⋯ 各 30 公克（約 1/5 個）
- ●西洋芹⋯ 20 公克（約 4 公分）
- ●球芽甘藍⋯ 15 公克（約 1 顆）
- ●洋菇⋯ 1 朵
- ●西洋香菜⋯一小撮
- ●優格⋯ 1 大匙
- +SET 維持免疫套餐

作法

1 將彩椒、西洋芹、球芽甘藍、洋菇切碎。將豬後腿肉之絞肉簡單捏成丸狀。

2 鍋裡倒入水（或泡過昆布的水）加以煮沸後，將 1 之豬肉丸子放入並煮至沸騰。

3 在 2 之鍋內加入 1 之彩椒、西洋芹、球芽甘藍、洋菇，燉煮約 5 分鐘。在關火之前將維持免疫套餐中的紅蘿蔔磨成泥狀加入。

4 將 3 移到容器內放涼。餘熱散去後加入西洋香菜、優格以及剩下的維持免疫套餐，用手攪拌後即可完成。

夏天的
促進血液循環料理
鰹魚飯

產季為夏天的鰹魚含有 EPA 及 DHA 能促進血液循環。另可添加甘酒防止狗狗在冷氣房內有體寒的情形！

材料

- ★水（或是蜆湯）⋯ 250 毫升
- ●鰹魚⋯ 90 公克
- ●馬鈴薯⋯ 80 公克（約 1/2 顆）
- ●牛蒡⋯ 20 公克（約 5 公分）
- ●小松菜⋯ 20 公克（約 1 把）
- ●鴻喜菇⋯ 15 公克（約 1/7 袋）
- ●石蓴⋯ 2 公克
- ●甘酒⋯ 1 大匙
- +SET 維持免疫套餐

作法

1 將小松菜、鴻喜菇切碎。

2 鍋裡倒入水（或煮過蜆的湯）加以煮沸後，將馬鈴薯、牛蒡磨成泥狀後加入，稍微煮沸後，再加入 1 的小松菜、鴻喜菇煮大約 3 分鐘。

3 在 2 的鍋內加入鰹魚、石蓴再煮 2 分鐘左右（鰹魚如果是生魚片等級或表面烤過的話不用煮也 OK，但如果狗狗的腸胃比較弱的話就還是要確實煮熟）。在關火之前將維持免疫套餐中的紅蘿蔔磨成泥狀加入。

4 將食物移到容器內放涼，餘熱散去後加入甘酒及剩下的維持免疫套餐，用手攪拌後即可完成。

一定要加的
維持免疫套餐 SET

狗狗體內每天都會產生活性氧，來源可能是帶有電磁波的環境、疾病等原因造成的壓力、或者是老化的過程。當天產生的活性氧是否能在當天之內就排出體外而不堆積在身體裡，對高齡犬來說是非常重要的。而這裡介紹的四項套餐，就是為了讓體溫不要下降而能夠將活性氧排出，以及維持免疫力所設計。

乾薑粉

- ▶小 耳勺 1 匙
- 中 2 匙
- 大 3 匙

能有效促進血液循環，並慢慢地以長時間溫暖身體的核心。同時還有極佳的抗氧化作用，能防止老化及預防癌症。

亞麻薺油

- ▶小 1/2 茶匙
- 中 1 茶匙
- 大 2 茶匙

能夠加熱的強效 Omega-3 脂肪酸系列油品，除了能讓血液變得清澈之外，其豐富的 α - 亞麻酸對於預防癌症與認知障礙的效果也很值得期待。

秋天的豐富礦物質料理
鱈魚飯

利用富含礦物質的吻仔魚、薏仁、昆布粉，
提高狗狗在秋天的免疫力。

材料

- ★水（或泡過昆布的水）…
  250 毫升
- ●鱈魚 … 80 公克（約1片）
- ●南瓜 … 60 公克
  （約 5 公分之方塊）
- ●菠菜 … 30 公克（約1把）
- ●舞菇 …
  15 公克（約 1/6 袋）
- ●薏仁粉 … 1 小匙
- ●吻仔魚 … 將近 1 小匙
- ●昆布粉 … 1/2 小匙
- ●味噌 … 1 耳勺
- **+ SET 維持免疫套餐**

作法

1 南瓜切成一口大小，菠菜川燙備用。

2 鍋裡倒入水（或煮過蜆的湯）加以煮沸後，加入鱈魚、南瓜、舞菇、**1** 之菠菜、吻仔魚煮大約 3 分鐘。接著加入薏仁粉、昆布粉，並將維持免疫套餐中的紅蘿蔔磨成泥狀加入後，再煮至沸騰。

3 將食物移到容器內放涼，接著加入味噌及剩下的維持免疫套餐，
用手攪拌後即可
完成。

冬天的
提高體溫料理
鹿肉飯

利用鹿肉溫暖身體，並利用豐富的膳食纖維
調整腸道機能，提高冬天的免疫力！

材料

- ★水（或是雞湯）…
  250 毫升
- ●生鹿肉（冷凍）… 75 公克
- ●蕪菁 …
  60 公克（約 1 顆）
- ●茄子 …
  50 公克（約 1 小根）
- ●西洋芹 …
  20 公克（約 4 公分）
- ●青花菜 …
  18 公克（約 1 朵）
- ●香菇 …
  10 公克（約 1/2 朵）
- ●本葛粉 … 1 大匙
- ●茅屋起司 … 2/3 大匙
- **+ SET 維持免疫套餐**

作法

1 將茄子、西洋芹、青花菜、香菇切碎。

2 鍋裡倒入水（或燉煮過雞翅的高湯）加以煮沸後，將蕪菁磨成泥狀加入再稍微煮沸。接著加入 **1** 的茄子、西洋芹、青花菜、香菇後再大約煮 3 分鐘。在關火之前將維持免疫套餐中的紅蘿蔔磨成泥狀加入。

3 將生鹿肉放在容器內，接著將 **2** 倒入同樣的容器中放涼，鍋內要留下 1/5 的湯汁。

4 將 **3** 之鍋內湯汁煮沸，本葛粉用蓋過粉末的冷水溶解後倒入鍋內的湯汁中，攪拌至呈現透明狀。

5 最後將 **4** 倒入 **3** 的容器內，加入茅屋起司及剩下的維持免疫套餐，用手攪拌後即可完成。

額外添加的小佐料！

推薦用於維持免疫力的營養補充品

馬胎盤素

馬胎盤素凝聚了其他營養品所沒有的豐富營養，能提高狗狗的自然治癒能力。

蘋果醋

> **小** 1/2 茶匙
> **中** 2 茶匙
> **大** 3 茶匙

能夠提高代謝能力，增加腸內益生菌改善腸道內的環境，所以也能夠改善便祕。同時還能提高鈣質的吸收率。

紅蘿蔔泥

> **小** 2 小匙
> **中** 3 小匙
> **大** 1 大匙

紅蘿蔔擁有優秀的抗氧化作用及能夠預防癌症的有效成分。將生紅蘿蔔泥稍微加熱煮熟後每天可以加在狗狗的餐食裡。

※ **小** = 小型犬、**中** = 中型犬、**大** = 大型犬

維持免疫力的重點事項

要維持免疫力就必須調整腸道機能

「免疫」這個詞就如同字面意義一般，是一種能夠免除「疫病」的機制。而這個機制包括兩個部分，即預防＝不讓病毒或毒素入侵體內，以及排除＝與入侵體內的毒素或活性氧戰鬥並加以排除，而這些作用，就主要在腸道內進行。身體的免疫力有70％是在腸道產生的，一旦腸道機能紊亂就會讓這個機制無法運轉，於是導致身體發生感染、罹患疾病、持續老化等各式各樣不良的情況。因此我們的首要之務，就是調整狗狗的腸道內環境，讓這個機制能夠確實運作。

去除活性氧防止老化！

體內的氧化反應是老化的原因之一。所謂氧化，就像一種身體持續生鏽下去的過程。來自紫外線、電磁波、藥物、添加物、環境或心理上的壓力等來源而增加的活性氧，就是造成身體氧化的元兇。而要去除這些活性氧，就必須靠具有抗氧化作用的食材，將當天體內產生的活性氧，在當天之內就把它們排出體外！所以請大家記得幫狗狗選用高抗氧化作用的食材，努力把活性氧排掉吧！

預防＝黏膜免疫系統

細菌或有害物質會不斷地想要從狗狗的眼睛、口腔、鼻腔、腸道、泌尿道入侵到體內，而位於入口防止它們入侵的，就是黏膜免疫系統。

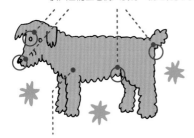

感染後的防禦＝全身免疫系統

捕捉入侵到體內的病原體並加以排除的，就是全身免疫系統。而攻擊異常的細胞增殖現象＝例如癌細胞的異常細胞，也是全身免疫系統的工作之一。

① 高齡犬更要確實攝取
優質蛋白質

狗狗的主食是蛋白質，且身體有20％是由蛋白質組成的。狗狗邁入高齡後如果吃的是低熱量的飲食，很容易攝取不到足夠的蛋白質量。而對於吸收力不佳高齡犬來說，若沒有確實地給予足夠的蛋白質，可能會導致蛋白質負責的免疫及細胞再生等機能衰退。

● **鹿肉**
鹿肉為高蛋白質、低脂肪、低熱量的肉類，且含有均衡的鐵、鋅、維生素B群和鉀，屬於溫性的食材最適合高齡犬食用。

● **沙丁魚**
DHA及EPA兩者的含量十分均衡，能強化腦部功能，是防止老化的必須脂肪酸。另外也含有豐富的鈣質。

● **香魚**
香魚從頭到尾都很柔軟，只要煮過連骨頭都能整尾吃下去。含有豐富的維生素及礦物質，是營養價值很高的食物。

● **豬肉**
所含的維生素B1遠遠高於其他肉類，能促進高齡犬容易衰退的能量代謝能力，提高狗狗的活力。

● **雞蛋**
雞蛋的營養價值很高，可說是一種「全營養食物」，其中的甲硫胺酸具有很強的抗氧化能力，能幫助身體將造成老化的活性氧排出體外。

這些食材也很推薦

● 雞肉、鯖魚、鯛魚、牛肉、鮪魚、白帶魚、鮭魚、肝臟、竹筴魚、心臟、鰤魚、星鰻、旗魚

● 鴨肉、鱈魚、鰹魚、鰻魚、秋刀魚、花魚（遠東多線魚）
● 馬肉

2 整腸不可或缺的營養素
豐富的膳食纖維

膳食纖維被稱為「第六營養素」，對於能夠維持免疫力的腸道健康來說不可或缺。膳食纖維能夠抑制腸內的壞菌和排出有害物質，分為水溶性及不可溶性（請參考 P.96），應均衡地加入狗狗的飲食中。

這些食材也很推薦

（水溶性膳食纖維）
- 油菜花、金桔、蘑菇、南瓜、青紫蘇葉、酒粕、西洋香菜、栗子
- 鷹嘴豆、秋葵、四季豆、芝麻、羽衣甘藍、紅蘿蔔、馬鈴薯、里芋、地瓜、蕃茄乾、春菊、球芽甘藍、滑菇、糙米、大麥
- 黃麻菜、海帶根、羊栖菜、奇異果、水雲褐藻、海帶芽、大麥、昆布、鴻喜菇、海苔

（不可溶性膳食纖維）
- 油菜花、蘑菇、南瓜、車前草、青紫蘇葉、酒粕、西洋香菜、栗子
- 青花菜、甜玉米、鷹嘴豆、秋葵、豌豆、毛豆、四季豆、木耳（乾燥）、杏鮑菇、芝麻、奇亞籽
- 黃麻菜、鴻喜菇、海苔、柿乾、牛蒡、菊花

● 納豆
含有均衡的水溶性與不可溶性膳食纖維，還可以改善血液循環。高齡犬請磨碎後再餵食。

● 蘋果
所含的水溶性與不可溶性膳食纖維兩者皆很豐富，同時有優良的抗氧化作用，可防止老化及在正餐時間外補充水分，記得要磨成泥狀後再餵食。

● 紅豆
含有不可溶性膳食纖維，其豐富的多酚能夠清除活性氧，並可提升新陳代謝能力，防止老化。

● 乾舞菇
含有豐富的不可溶性膳食纖維，曬乾過後的舞菇其鈣質和維生素D的濃度提高為五倍，水煮後即可溶入湯之內。

● 山藥
含有水溶性膳食纖維，能保護黏膜及提高身體的保水力，是高齡犬很喜歡吃的食材，生山藥請磨成泥狀後再餵食。

● 黃豆粉
是大豆產品中纖維量最高的食材，含有很豐富的不可溶性膳食纖維。還可在狗狗沒有食慾時作為吸引牠的食物。另有助於比菲德氏菌的繁殖。

---

3 保護細胞不受傷害
抗氧化食品
（主要為維生素 E、C、β 胡蘿蔔素）

所謂抗氧化作用，是將活性氧從細胞中清除掉、抑制老化的一種機制，所以可以防止身體整體功能的衰退。尤其是維生素 E 及維生素 C，組合起來後清除活性氧的能力十分強大。

● 鮭魚
鮭魚魚肉中所含的蝦紅素是一種抗氧化作用很強的成分，有助於提高免疫力及預防癌症。

● 羽衣甘藍
羽衣甘藍富含維生素 E、C 及 β 胡蘿蔔素這三種具有強力抗氧化作用的成分，只要額外添加一些就很方便。

● 西洋香菜
由於含有豐富的葉綠素，在抗氧化作用、消臭能力和殺菌效果都很出類拔萃。

● 青花菜
所含的維生素 C 比檸檬還要豐富。是提高免疫力、預防癌症、防止老化的最強食物！

這些食材也很推薦

- 青紫蘇葉、鰤魚、南瓜、香魚、沙丁魚、鮟鱇魚、金桔、油菜花、蕪菁（葉）、羅勒
- 鰹魚、春菊、鰻魚、紅蘿蔔、蛋黃、白蘿蔔、芝麻、小松菜、蘆筍、彩椒、球芽甘藍、花椰菜、高麗菜、青椒、芽菜類、檸檬、白蘿蔔（葉）、小白菜
- 柚子、蕃茄、草莓、苦瓜、木瓜、海苔、細絲昆布、海帶芽、奇異果、紫花苜蓿、菠菜、橡 萵苣、西洋菜

---

4 有助於益生菌繁殖
發酵食品

體內的壞菌會隨著年齡增長而有增加的趨勢。但若是有攝取發酵食品的話，其中持續進行發酵的微生物所含的有效成分、發酵過程中產生的酵素以及食物本身的營養，都能讓體內的益生菌增加以及讓副交感神經的作用佔上風，進而提高免疫力。

● 優格
隨手可得的簡單食材，能調整腸道機能及提高免疫力。也可將優格加在水裡或肉湯中給狗狗補充水分。

● 甘酒
能溫暖身體、促進血液循環及新陳代謝。麴菌同時還具有抗氧化作用，作為高齡犬補充水分之用可說是一石二鳥。

● 柴魚片
柴魚也是一種發酵食品，除了可提高嗜口性還可補充鹽分。其中所含的肌 酸具有活化細胞的功能。

這些食材也很推薦

- 納豆、味噌（少量）、蘋果醋、
- 起司、發酵蔬菜、天貝

CHAPTER 2 防止狗狗老化的預防與健康食譜

41

有助於 **眼睛保健** 的食譜

眼睛漸漸變白變混濁的白內障是眼睛的老化症狀一，在高齡犬身上經常可以看到。若想要減緩老化的速度，就必須選用抗氧化作用強的食材。

狗狗有下列情形時建議開始餵食

☐ 眼睛逐漸變白混濁

☐ 外出時覺得光線很刺眼的樣子

☐ 走路變得經常會撞到物體

讓眼睛細胞再生的 明目餐

透過肝臟及蕪菁攝取到眼睛的必要營養素維生素 A，以及從紫高麗菜攝取到花青素！

材料

- ★水 … 250 毫升
- ●雞里肌肉 …
  70 公克（約 1 條）
- ●雞肝 … 20 公克
- ●小蕪菁 …
  50 公克（約 1 顆）
- ●青花菜 …
  30 公克（約 1 顆）
- ●紫高麗菜 …
  30 公克（約 3 片）
- ●菠菜 …
  25 公克（約 1 把）
- ●枸杞果 … 3 顆
- ●本葛粉 … 1 大匙
- ●黑芝麻 … 1/2 茶匙
- + **SET** 眼睛保健套餐

※ 若是患有草酸結石的狗狗，菠菜記得要另外川燙過。

作法

1 將雞肝切成適當大小。菠菜、青花菜、紫高麗菜切碎。

2 鍋裡倒入水加以煮沸後，將雞里肌肉與 **1** 之雞肝放入煮約 3～4 分鐘。

3 在 **2** 之鍋內加入 1 之菠菜、青花菜、紫高麗菜及枸杞果，並將小蕪菁磨成泥狀加入，再煮約 3 分鐘。

4 將本葛粉用蓋過粉末的冷水溶解後倒入 **3** 之鍋內加熱溶解至湯汁裡。

5 將 **4** 移到容器內放涼。用手將里肌肉剝碎。待餘熱散去後加入黑芝麻及眼睛保健套餐，用手攪拌後即可完成。

讓眼睛不受活性氧傷害的眼睛保護餐

利用鮭魚及櫻花蝦的蝦紅素最強組合，來保護眼睛不受到活性氧的傷害。

材料

- ★水 … 250 毫升
- ●鮭魚 … 90 公克（約 1 片）
- ●紅蘿蔔 … 20 公克（約 2 公分）
- ●羽衣甘藍 … 15 公克（約 1/5 片）
- ●黃麻菜 … 10 公克（約 1 把）
- ●海帶芽 … 10 公克
- ●西洋香菜 … 少許
- ●柚子 … 榨出來的汁少許
- ●寒天棒 … 約 5 公分
- ●櫻花蝦 … 1 大匙
- ●亞麻薺油 … 1/2 茶匙
- + SET 眼睛保健套餐

櫻花蝦香味讓人無法抗拒！

作法

1　將鮭魚切成適當大小。黃麻菜另外川燙後，用菜刀剁碎至產生黏性。將羽衣甘藍及海帶芽切碎，另將寒天棒浸泡在水裡。

2　鍋裡倒入水加以煮沸後，將 1 之鮭魚放入煮約 2 ～ 3 分鐘。接著加入 1 之羽衣甘藍再煮 2 ～ 3 分鐘。

3　在 2 之鍋內加入切碎的櫻花蝦，並將 1 之寒天棒的水擠乾並切碎後放入煮到溶化，在關火之前將紅蘿蔔磨成泥狀加入。

4　將 3 移到容器內放涼。待餘熱散去後加入 1 之黃麻菜、海帶芽、西洋香菜、柚子汁、亞麻薺油及眼睛保健套餐，用手攪拌後即可完成。

一定要加的
眼睛保健套餐 SET

在中醫學說中眼睛與肝臟有著很深的關係，若眼睛出現疾病就可以推測出肝臟有機能衰退的情形。所以保養眼睛＝保養肝臟可說是一點也不為過，就讓我們同時為狗狗進行護肝與明目吧！

山桑子

> 小 1 滴　中 2 滴　大 3 滴

是維持眼睛健康不可或缺的營養品，所含的花青素極為豐富。能生成傳導光線的視紫質，防止眼睛老化。

漢麻粉

> 小 1/2 ～ 1 小匙　中 1 ～ 1.5 小匙　大 2 小匙

含有豐富的優質蛋白質及強力抗氧化作用的礦物質，還含有均衡的必須脂肪酸，是凝聚了眼睛活力來源的食材。

眼睛保健之重點事項

想要保護眼睛就需要抗氧化物質！

眼睛的疾病，就是由紫外線、香菸等環境壓力以及身體老化所產生的活性氧，對眼睛細胞造成傷害而開始的。也就是說，保護眼睛的首要之務就是清除掉活性氧。要除去活性氧，就必須靠抗氧化作用強的食材。而其中花青素、蝦紅素、葉黃素這三種植物性化學成分，被認為是能夠維持眼睛健康的有效成分。若狗狗屬於經常罹患眼部疾病的犬種的話，更是要盡早開始保養眼睛喔！

一旦白內障持續惡化，會導致狗狗的視力衰退

高齡犬的眼部疾病中最常見的就是白內障。所謂白內障，是指眼睛中的水晶體有部分或全體變成白色混濁的狀態。雖然一般認為通常與遺傳的因素有關，但為什麼水晶體的蛋白質會發生變性混濁，詳細的機制目前仍然不明。白內障的初期眼睛會變得偏白混濁，若持續惡化下去，狗狗還會出現視力減弱、走路撞到物體及跌倒等症狀。而透過飲食可以保養眼睛，延緩惡化的速度。

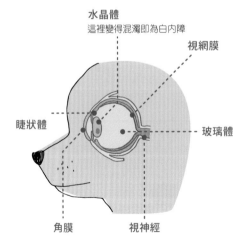

水晶體
這裡變得混濁即為白內障

視網膜

睫狀體

玻璃體

角膜

視神經

1 保護細胞不受傷害
抗氧化食品
（主要為維生素E、C、β胡蘿蔔素）

紫外線、長時間的螢光燈、汽車廢氣等環境壓力而產生的活性氧，以及伴隨老化而發生的水晶體及視網膜氧化，都會對眼睛造成傷害。而要將這些活性氧去除及防止氧化，就必須靠抗氧化食品。維生素C與維生素E一併攝取，吸收率會更為提高。

● 鮭魚
除了含有維生素E之外，還含有豐富的蝦紅素，具有強力的抗氧化作用，能夠保護眼睛免於受到有害物質的傷害。

● 羽衣甘藍
首屈一指的維生素C含量讓羽衣甘藍受到許多關注，最近在超市中經常可見到排列販賣，鈣質也很豐富。

● 青花菜
含有豐富的維生素C能幫助維生素E的吸收。全年都能穩定買到也是吸引人的優點之一。

● 黃麻菜
生產季節在梅雨季到夏末的涼性黃麻菜富含維生素C，在讓血液清澈的同時還能防止氧化。

這些食材也很推薦

（維生素E）	（維生素C）
●青紫蘇葉、鰤魚、南瓜、香魚、沙丁魚、鮟鱇魚	●西洋香菜、青紫蘇葉、金桔、油菜花、蕪菁
●鰹魚、春菊、鰻魚、紅蘿蔔、蛋黃、白蘿蔔、芝麻、菊花、小松菜、紅椒、青花菜、蘆筍	●彩椒、球芽甘藍、花椰菜、高麗菜、青椒、芽菜類、檸檬
●菠菜、毛蟹（需加熱煮熟、不能帶殼）、海苔	●柚子、蕃茄、苦瓜、木瓜、海苔、細絲昆布、海帶芽、奇異果、紫花苜蓿

2 期待能有效防止老化的植物性化學成分

植化素（Phytochemical）

植化素被稱為「第七營養素」，能夠純粹由植物製造產生，在預防老化的效果上備受矚目。其中的蝦紅素、葉黃素及花青素特別受到關注，這裡就來介紹幾種含有這些成分的食材。

- ●紅紫蘇、南瓜
- ●紅豆、山桑子、黑豆、蘋果、樹莓、李子乾、草莓、紅金眼鯛、青花菜、球芽甘藍、高麗菜、紅蘿蔔、玉米、豌豆、黃椒
- ●萵苣、毛蟹（需加熱煮熟、不能帶殼）

這些食材也很推薦

● 鮭魚

鮭魚實際上屬於白肉魚。魚肉所含的蝦紅素為眼睛必須的營養素，由於含量極為豐富而讓魚肉呈現濃郁的粉紅色。

● 櫻花蝦

櫻花蝦是棲息在深海的小型蝦種。櫻花色是蝦紅素本身的顏色。

● 藍莓

說到護眼就一定會想到的藍莓，對心臟、腦部的保健及預防癌症的效果也備受期待，是一種超級食物。

● 黑芝麻

據說埃及豔后為了維持美麗與健康也有在食用的黑芝麻，其中所含的芝麻木酚素能將活性氧擊退。

● 紫高麗菜

紫色是花青素造成的顏色。與綠色的高麗菜相比，維生素C的含量是1.6倍，胡蘿蔔素是2倍。

● 羽衣甘藍

含有極為豐富的葉黃素，能防止水晶體及視網膜的氧化反應。每100公克含有21.9毫克，大約是南瓜的20倍。

● 菠菜

菠菜所含的葉黃素僅次於羽衣甘藍，每100公克中含有10.2毫克，同時也含有豐富的β胡蘿蔔素，能有效防止乾眼症。

> 如果眼睛看起來開始變白的話就要進行保養了喔！

---

2 眼睛所必須的維生素

維生素 A（β 胡蘿蔔素）

維生素A能幫助動物維持正常的視覺與視力，而能在黑暗中逐漸習慣並且能夠視物也是維生素A的功勞。一旦缺乏維生素A，角膜及結膜上皮會變得乾燥，且讓視力健康受損。

● 青紫蘇葉

豐富的β胡蘿蔔素在體內會轉換成維生素A，另外多酚的含量也很豐富。

● 紅蘿蔔

吃了能有效對抗紫外線的紅蘿蔔，表皮也有很豐富的β胡蘿蔔素，所以連皮一起使用會更划算。

● 海帶芽

含有比西洋香菜更多的胡蘿蔔素，另外陰乾或曬乾的海帶芽所含的胡蘿蔔素比生海帶芽更多。

● 海苔

海苔所含的β胡蘿蔔素是菠菜的大約5倍，且還含有12種類之多的其他維生素。

這些食材也很推薦

- ●南瓜、西洋香菜、蕪菁、油菜花、羅勒
- ●小松菜、白蘿蔔、蘆筍、皇宮菜、春菊、小白菜、彩椒、
- 羽衣甘藍、四季豆
- ●苦瓜、黃麻菜、羊栖菜、菠菜、豆苗、橡 萵苣、西洋菜、寒天

> 額外添加的小佐料！

推薦用於護眼明目的草藥及營養補充品

啤酒酵母

狗狗在視神經或視網膜受到某種傷害時經常會導致青光眼的發生，而啤酒酵母中的維生素B12有助於視神經的功能。小型犬每天餵給15公克以下，中型犬15～30公克，大型犬30～45公克。

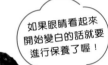

小米草（Eyebright）

有強力的抗發炎作用，在角膜或結膜發炎時可停用山桑子（P.43）改給小米草。

枸杞果

擁有最強的去除活性氧能力，是藍莓的2400倍。只要幾顆就能有極大的效果。小型犬每天3顆，中型犬4顆，大型犬6顆左右。

有助於**耳朵保健**
的食譜

為高齡犬進行耳朵保健必須注意
三個重點：分別是防止重聽等老
化的現象、避免慢性外耳炎或耳
血腫的發生、以及預防前庭疾病
等讓狗狗會暈眩的疾病。

狗狗有下列情形時建議開始餵食

☐ 聽力逐漸變差

☐ 外耳炎久治不癒

☐ 身體或頭部歪向一邊

☐ 經常搔抓耳朵

材料

★水 … 250 毫升
● 雞胸肉 … 65 公克
● 雞肝 … 25 公克
● 蘆筍 …
　25 公克（約 1 根）
● 紅蘿蔔 …
　20 公克（約 2 公分）
● 芝麻菜 …
　10 公克（約 1 把）
● 小蕃茄 …
　10 公克（約 1 顆）
● 根昆布 …
　3 ～ 4 公分
● 納豆 … 1 小匙
● 柚子汁 … 少許
＋ **SET** 耳朵保健套餐

蘆筍尖所含的
營養十分豐富

作法

1 將雞胸肉與雞肝切成一口大小。蘆筍、芝
　麻菜、小蕃茄切碎。根昆布浸泡在水中備
　用（浸泡一晚風味更佳）。

2 鍋裡倒入浸泡過根昆布的水，以弱火熬煮
　約 8 ～ 10 分鐘（只用清水也 OK）。

3 在 2 之鍋內加入 1 之雞胸肉與雞肝煮約
　3 ～ 4 分鐘，接著加入 1 之蘆筍、芝麻
　菜、小蕃茄，再煮 2 ～ 3 分鐘後，在關火
　之前將紅蘿蔔磨成泥狀加入，並將根昆布
　取出，移到容器內放涼。

4 待餘熱散去後加入柚子汁及耳朵保健套餐
　用手加以攪拌，最後再放上納豆即可完
　成。

強力抗氧化作用的耳
朵保健餐

使用含有維生素 A 可以強化皮膚黏膜的
雞肝以及豐富的抗氧化食材

含有大量沙丁魚的
耳朵保健餐

沙丁魚含有維生素 B12 能防止老化以及豐富的 DHA 能抑制發炎，毛豆則含有大量的葉酸。

材料

- ★水 … 250 毫升
- ●沙丁魚 … 80 公克（約 2 尾）
- ●白蘿蔔 … 45 公克（約 2 公分）
- ●菠菜 … 25 公克（約 1 株）
- ●毛豆（不含豆莢）… 10 公克（約 10 顆）
- ●乾香菇 … 1 朵
- ●羊栖菜 … 10 公克
- ●寒天棒 … 約 5 公分
- ●黑芝麻 … 1/2 茶匙
- **+ SET 耳朵保健套餐**

作法

1 將沙丁魚去頭去尾、中間的魚骨取出後切成一口大小。 毛豆從豆莢內拿出，蘆筍，乾香菇用 250 毫升的水浸泡 15 分鐘以上，寒天棒浸泡在水裡備用。菠菜及羊栖菜切碎，若是患有草酸結石的狗狗，菠菜要另外川燙過。

2 鍋裡倒入 **1** 之浸泡過香菇的水煮沸後，將白蘿蔔磨成泥狀加入，再加入 **1** 之沙丁魚的魚肉及魚骨、以及菠菜、毛豆與羊栖菜，煮約 3 分鐘。接著從湯裡拿出香菇，將其切碎後再放回鍋裡。

3 將 **1** 之寒天棒的水擠乾並切碎後放入 **2** 煮到溶化。

4 將 **3** 移到容器內放涼，並將魚骨取出。待餘熱散去後加入黑芝麻及耳朵保健套餐，用手加以攪拌均勻即可完成。

一定要加的
耳朵保健套餐 SET

維持耳朵豐沛的血流是保養耳朵的大前提。這裡面包含兩個重點：即促進血液循環及提高血液的品質。這必須靠每天孜孜不倦地保養，才能一點一滴累積而成，每星期可休息一天。

肉桂

> **小** 耳勺 1 匙
> **中** 2 匙　**大** 3 匙

肉桂能修復及強化微血管，改善位於身體末梢的耳朵之血液循環。每天給予少量，一星期可停給一天。

亞麻薺油

> **小** 1/2 ～ 1 小匙
> **中** 1 ～ 1.5 小匙
> **大** 2 小匙以上

含有均衡的 Omega-3 脂肪酸，具有強力的抗發炎作用。如果有慢性外耳炎等發炎情況時特別要持續給予。

耳朵保健之重點事項

如何讓老化速度快的聽覺延緩衰退？

在狗狗身體的老化過程中，聽覺算是相對上比較早出現的一種，狗狗很容易出現叫也沒有任何反應的現象。而要延緩聽覺老化的現象，還是要每天孜孜不倦地把老化的原因之一，也就是活性氧給清除掉。由於耳朵位於身體的末梢，血液循環容易停滯，因此我們該做的，就是促進狗狗的血液循環，讓血液確實地流經微血管。另外，一旦狗狗身體對於水分的代謝能力惡化，就不容易排出身體的代謝廢物，進一步引發氧化反應及血液循環變差，所以一定要確實做到每天的補充水分。防止老化的三大原則也適用於防止耳朵的老化上。

前庭疾病來自於內耳，耳血腫來自於外耳

狗狗高齡時期常見的耳朵疾病，包括前庭疾病或梅尼爾氏症等從內耳開始惡化的疾病，以及耳血腫等由外耳開始惡化的疾病。雖然不論是哪一種疾病都有其各式各樣的原因，但多多少少都有受到抵抗力下降、水分代謝能力或血液循環惡化的影響。而藉由飲食能做到的保健工作，就是調整腸內環境提升免疫力，以及讓血液及體液不要停滯不動，將自律神經失調壓低在最低限度。

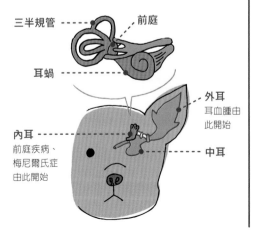

- 三半規管
- 前庭
- 耳蝸
- 外耳 耳血腫由此開始
- 內耳 前庭疾病、梅尼爾氏症由此開始
- 中耳

延緩耳朵老化
1 抗氧化食品
（主要為維生素E、C）

耳朵和眼睛的保健工作一樣，都是必須清除掉活性氧。並且要修復病菌或發炎造成的細胞損傷，以及延緩隨著老化而發生的氧化反應速度。維生素E與維生素C一併攝取時吸收率會更為提升。

● 沙丁魚
含有豐富的維生素E，EPA與DHA兩者的含量也很均衡，同時還含有大量的維生素B2可促進皮膚再生。

● 白蘿蔔
含有豐富的維生素E，白蘿蔔的辛辣成分異硫氰酸酯具有強力的抗氧化作用，同時還有消炎鎮痛的效果。

● 羽衣甘藍
羽衣甘藍含有豐富的維生素C，可說是抗氧化作用最強的蔬菜，非常推薦每星期都餵食狗狗數次。

● 芝麻
據說在埃及古墓中發現的木乃伊就有用芝麻油做為防腐劑。維生素E的含量十分豐富。

● 青花菜
不只含有大量的維生素E，維生素C也比檸檬的含量還要豐富。由於同時還富含礦物質，建議經常給狗狗食用。

這些食材也很推薦

- ●鮭魚、鰤魚、香魚、鮟鱇魚、青紫蘇葉、南瓜、西洋香菜、金桔、油菜花、蕪菁（根部）
- ●鰹魚、鰻魚、蛋黃、春菊、紅蘿蔔、菊花、小松菜、紅椒、蘆筍、球芽甘藍、花椰菜、

- 高麗菜、青椒、芽菜類、檸檬
- ●毛蟹（需加熱煮熟、不能帶殼）、菠菜、柚子、蕃茄、苦瓜、木瓜、奇異果、紫花苜蓿、海苔、細絲昆布、海帶芽

2　葉酸
細胞再生所需的維生素

葉酸能在細胞再生的時候幫助 DNA 正常運作，同時也是能夠預防貧血的維生素。

● **肝臟（牛肝、豬肝、雞肝）**
能促進黏膜代謝、提高免疫力，同時還具有抗氧化作用。給予少量即可。

● **毛豆**
葉酸的含量在蔬菜中勝過黃麻菜，佔據第一名的位置！

● **芝麻菜**
葉酸的含量是蔬菜中的第五名，同時還富含能夠預防感染的抗氧化物質。

● **蘆筍**
富含葉酸，且其中的蘆丁還能強化因老化而變窄的微血管。

這些食材也很推薦

● 油菜花、西洋香菜、酒粕
● 鰻魚、雞蛋、球芽甘藍、青花菜、蠶豆、黃豆粉、春菊、羽衣
　甘藍、乾香菇
● 西洋菜、橡葉萵苣、海帶芽、黃麻菜、菠菜、海苔、青海苔

3　鉀
負責調整體內的體液

內耳要正常運作，其中的淋巴液就需要保持一定的均衡，而鉀離子就是能夠讓巴液正常化的重要營養素之一。

● **香魚**
小型的淡水魚，整尾魚包括從頭部到內臟連骨頭都能吃，營養非常豐富。

● **西洋香菜**
鉀的含量極為豐富，是蔬菜中的頂級水準。

● **里芋**
具有黏液成分能保護黏膜。另外還能幫助身體把多餘的鈉排出體外。

● **乾香菇**
鉀的含量在所有食材中都算是頂級的程度。

這些食材也很推薦

● 雞里肌肉、牛菲力、真鯛、鮭魚、南瓜、栗子、蕪菁、青紫蘇葉、羅勒、舞菇、納豆
● 豬後腿肉、鱈魚、球芽
● 甘藍、山藥、紅椒粉、四季豆、黃豆粉、蘆筍
● 黃麻菜、茄子、香蕉、鴻喜菇、海苔、陸羊栖菜

4　膳食纖維（主要為水溶性膳食纖維）
腸道與皮膚有著深刻的關係

由於腸內環境一旦紊亂狗狗就容易發生外耳炎，所以要藉由膳食纖維來進行調整。若只單獨大量給予水溶性膳食纖維有時可能會引起下痢，請飼主要特別注意。

● **油菜花**
由於不是全年皆可取得的蔬菜，最好在初春時多餵給狗狗吃。

● **納豆**
納豆同時含有水溶性膳食纖維與不可溶性膳食纖維。

● **紅蘿蔔**
除了豐富的膳食纖維外，鉀的含量也很豐富，是保養耳朵的常備品。

● **地瓜**
香甜的口味深受狗狗歡迎，可做為零食給予。若餵食的是地瓜乾，則要小心狗狗噎到。

這些食材也很推薦

● 蘑菇、金桔
● 羽衣甘藍、春菊、馬鈴薯、球芽甘藍、里芋、蘋果、秋葵、蕃茄乾、滑菇、乾香菇、鷹嘴豆、四季豆、芝麻、紅
　豆、黃豆粉、大麥、糙米、奇亞籽
● 牛蒡、黃麻菜、奇異果、鴻喜菇、昆布、海苔、水雲褐藻、海帶芽、海帶根、寒天

〔 額外添加的小佐料！〕

推薦用於耳朵保健的營養補充品

Omega-3脂肪酸
魚油中的 DHA 改善腦部功能的效果十分值得期待。由於患有前庭疾病的狗狗也需要腦神經方面的保養，所以可與耳朵保健套餐中的亞麻薺油進行替換。

益生菌
益生菌在腸道內可以調整腸內環境，因此能夠維持及提高免疫力。對於經常服用抗生素的狗狗也很推薦使用。

酵母　❌NG 不建議使用
細菌或酵母菌的繁殖是引發外耳炎的原因之一，對於已有酵母菌繁殖情況的狗狗來說，最好先停用酵母類的營養補充品。

CARE 4

有助於**腎臟保健**的食譜

腎臟的過濾功能一旦下降的話，無法排出的代謝廢物等物質就會累積起來對腎臟造成傷害。而透過飲食，可以幫助廢物的排出（若狗狗已診斷出腎衰竭請參考 P.82）。

（若狗狗已診斷出腎衰竭請參考 P.82）

狗狗有下列情形時建議開始餵食

- ☐ 尿液的臭味變得很重
- ☐ 尿液的顏色很濃，或是非常淺
- ☐ 身體有浮腫現象

材料

- ★水 … 300 毫升
- ●生馬肉（絞肉、冷凍）… 80 公克
- ●南瓜 … 50 公克（約 4 公分）
- ●黃瓜 … 30 公克（約半根）
- ●蘆筍 … 25 公克（約 1 根）
- ●紅蘿蔔 … 20 公克（約 2 公分）
- ●秋葵 … 10 公克（約 1 根）
- ●根昆布 … 3 ～ 4 公分
- ●水雲褐藻 … 1 大匙
- ●納豆 … 1 小匙
- ●紅豆粉 … 1 小匙
- **＋SET** 腎臟保健套餐

作法

1 將南瓜、蘆筍、秋葵、水雲褐藻切碎。根昆布用水浸泡備用（浸泡一晚風味更佳）。

2 鍋裡倒入浸泡過根昆布的水，以弱火熬煮約 8 ～ 10 分鐘（只用清水也 OK）。

3 在 **2** 之鍋內加入 **1** 之南瓜、蘆筍、秋葵煮約 3 ～ 4 分鐘，接著加入 **1** 之水雲褐藻及紅豆粉煮到溶化，在關火之前將紅蘿蔔磨成泥狀加入，並將根昆布取出。

4 將 **3** 移到容器內，放入冷凍的生馬肉，讓馬肉在湯汁中解凍（生馬肉如果不是絞肉的話，則先解凍並切碎，最後再加進去）。

5 待馬肉完全解凍之後，加入磨碎之黃瓜及腎臟保健套餐攪拌均勻，餘熱散去之後最後再放上納豆即可完成。

生馬肉與海藻之黏糊糊血液淨化餐

馬肉是肉類中唯一的涼性蛋白質。搭配海藻可以組合成血液清掃餐。

要在發生腎衰竭之前就開始進行保養唷！

鯛魚搭配薏仁之促進利尿餐

鯛魚及長山藥含有豐富的鉀，再搭配薏仁粉可有效促進排尿。

材料

- ★水⋯300 毫升
- ●鯛魚（切片）⋯ 80 公克
- ●蜆⋯7～8 顆
- ●豆腐⋯ 40 公克（約 1/8 塊）
- ●白蘿蔔⋯ 50 公克（約 2 公分）
- ●長山藥⋯ 50 公克（約 2 公分）
- ●花椰菜⋯ 25 公克（約 1 朵）
- ●芹菜（含葉子）⋯ 10 公克（約 2 公分）
- ●西洋香菜⋯1 朵
- ●生香菇⋯ 25 公克（約 1 朵）
- ●薏仁粉⋯1 小匙
- ●寒天棒⋯約 5 公分
- **+ SET 腎臟保健套餐**

作法

1 將花椰菜、芹菜、西洋香菜、生香菇切碎，另將寒天棒浸泡在水裡。

2 鍋裡倒入蜆及水後開火煮到蜆殼打開後稍微煮沸，取出蜆殼（若沒有蜆只用清水也 OK）。

3 在 **2** 之鍋內加入鯛魚煮約 3 分鐘，邊煮邊將浮沫撈出。將白蘿蔔磨成泥狀，並加入 **1** 之花椰菜、芹菜莖、生香菇、薏仁粉及捏碎之豆腐，再煮約 4～5 分鐘。

4 在 **3** 中加入 **1** 之芹菜葉與西洋香菜，並將 **1** 之寒天棒的水擠乾切碎後放入煮到溶化，移到容器內放涼。

5 待餘熱散去後，加入磨成泥之長山藥及腎臟保健套餐，用手攪拌均勻後即可完成。

一定要加的
腎臟保健套餐 SET

能夠減輕腎臟負擔，讓腎臟能夠長久正常運作的套餐。含有豐富 EPA 與 DHA 的 Omega-3 脂肪酸能讓血流順暢。紅豆能有效幫助身體排出廢物，維持腎臟的健康。

Omega-3 脂肪酸

> **小** 1/2～1 小匙
> **中** 1～1.5 小匙　**大** 2 小匙以上

富含身體正常運作所需的 EPA 與 DHA，能有效讓血流順暢，改善通往腎臟的血液循環，預防腎臟功能衰退。

紅豆粉

> **小** 1/2 茶匙
> **中** 1 茶匙　**大** 2 茶匙

外型與腎臟相似的護腎食材，豐富的鉀含量能幫助身體將多餘的水分排出，所含的皂素還具有極佳的抗氧化作用以及淨化血液的效果。

腎臟保健的重點事項

腎臟是身體臟器中最快老化的器官

腎臟被稱為「活力銀行」，是一個非常影響壽命長短的器官。可以說腎臟衰弱的活動物就會持續老化，腎臟健康的話老化速度就變慢。此外，腎臟也被叫做「沉默的器官」，經常要等到非常惡化後才會出現症狀，有時甚至會在沒有發現疾病的情況下度過。腎衰竭是高齡犬非常常見的疾病，飼主必要趁著狗狗還年輕的時候就開始強化及保健狗狗的腎臟功能，利用補腎的食材為狗狗大量補充水分以及讓身體不要受寒。

腎臟是血液的過濾裝置＝濾網的作用

腎臟為了保持體內水分量及電解質濃度的穩定，會透過絲球體的過濾功能，區分出血液中身體需要的物質（水分、糖分、鈉、胺基酸等）及不需要的代謝廢物（尿液）。而狗狗在這項過濾功能的能力上，是人類的 1.6 倍。此外，強化骨骼及製造造血賀爾蒙也是腎臟的任務，所以一旦腎臟功能減弱時，有時也會出現貧血的症狀。由於腎臟一旦受損就無法修復，因此平時的保健工作非常重要。

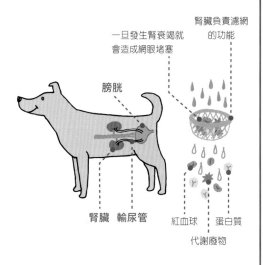

腎臟負責濾網的功能

一旦發生腎衰竭就會造成網眼堵塞

膀胱

腎臟　輸尿管

紅血球　蛋白質

代謝廢物

推薦食材！

1　細胞膜及賀爾蒙的原料
EPA 與 DHA

EPA 與 DHA 是體內無法生成，只能靠食物來補充的營養素。EPA 能夠讓血流順暢、維持免疫力及抑制發炎。DHA 是腦部的構成成分之一，是腦部所需的營養，在母乳中的含量也很豐富。飼主可以每星期選擇幾天給狗狗吃鮮魚餐，補充 EPA 及 DHA。

● 鯛魚

鯛魚為白肉魚，香氣濃厚，除了身體部位外，頭部或其他部位也有很多魚肉，價格又很便宜，是非常適合的食材。記得要將魚骨去乾淨。

● 鮭魚

鮭魚的種類豐富，例如紅鮭含有豐富的抗氧化物質（6～8 月），白鮭在產卵前脂肪較少（9～11月），銀鮭的脂肪較多（8～10 月）。

● 香魚

只有在 6～10 月才能買到的香魚，養殖的營養價值比野生香魚還高，從頭到內臟連同骨頭整尾都能食用，是維生素與礦物質的寶庫。

● 秋刀魚

雖然秋刀魚的蛋白質沒有脂肪那麼多，熱量也比較高，但其脂肪含有豐富的EPA與DHA。要去掉頭部及內臟後才能餵給狗狗。

● 吻仔魚

除了豐富的鈣質之外，EPA 的含量也很豐富可促進血流順暢。只要輕鬆地灑在狗狗的飯上就好，所以做為額外添加的小佐料也很方便。

這些食材也很推薦

● 鹿肉、鯖魚、鮪魚、白帶魚、沙丁魚、竹筴魚、鰤魚、星鰻、

小魚乾
● 鰹魚、鰻魚、花魚、鰭魚

2 防止腎臟老化
維生素 C

隨著年齡增長，身體合成維生素C的功能也會衰退，而從食材所攝取的維生素C也會在當日就排出體外，所以最好經常補充。

● 西洋香菜
除了豐富的維生素C之外，對於溫暖身體也十分有效，並且易於處理。

● 羽衣甘藍
富含維生素C的羽衣甘藍屬於十字花科的蔬菜，產季為初冬到早春。

● 紫花苜蓿
做為能夠回春的草藥，世界各地皆有使用。同時也是治療膀胱炎的草藥。

● 芹菜（葉）
芹菜葉的營養價值比芹菜的莖更高，具有多種有益健康的效果。

這些食材也很推薦

●蕪菁、金桔、油菜花
●紅蘿蔔、白蘿蔔、青花菜、球芽甘藍、高麗菜、小松菜、白菜、馬鈴薯、彩椒、秋葵、

●青椒、芽菜類、檸檬
●萵苣、豆苗、蕃茄、苦瓜、柳橙、柿子、柚子、草莓

3 活化免疫細胞
維生素 A （β 胡蘿蔔素）

維生素A分為動物性來源及植物性來源，動物性來源因為會蓄積在體內，所以不宜大量攝取。植物性來源在吃下去之後只會轉換成所需的量所以無須擔心。

● 南瓜
所含的β胡蘿蔔素（會轉換為維生素A）為脂溶性，所以必須跟油脂一起食用。

● 青紫蘇葉
維生素A與β胡蘿蔔素兩者的含量都很豐富，是絕佳的溫性蔬菜。

● 紅蘿蔔
豐富的β胡蘿蔔素在外皮下的含量最多，最好連皮一起使用。

● 青海苔
青海苔所含的β胡蘿蔔素出乎意料地十分豐富，可做為額外的補充。

這些食材也很推薦

●甜菜、西洋香菜、蕪菁（葉）、油菜花、羅勒
●彩椒、小松菜、羽衣甘藍、白蘿蔔（葉）、四季豆、蘆筍、皇宮

●菜、春菊、小白菜、菊花
●苦瓜、菠菜、黃麻菜、豆苗、橡 萵苣

4 調整體內的水分平衡
鉀

在腎臟功能正常的情況下，鉀是維持生命活動的必須礦物質。不過一旦腎臟受到損傷無法排出時，鉀就會蓄積在體內，這個時候就必須控制攝取量。

● 紅豆粉
紅豆是代表性的護腎食品，能消除水腫或促進利尿。

● 山藥、長山藥
可強力淨化血液，所含酵素不耐高溫，最好磨成泥生食。

● 蘆筍
除了豐富的鉀，同時含有能幫助體內吸收鉀的成分。

這些食材也很推薦

●牛菲力、雞里肌肉、真鯛、香魚、竹筴魚、鮭魚、南瓜、西洋香菜、蕪菁、青紫蘇葉、羅勒、舞菇、栗子、納豆
●豬菲内肉、豬後腿肉、乳清、鰹魚、鱈魚、球芽甘藍、里芋、地瓜、四季豆、

●香菇、小魚乾、木耳（乾）、紅椒粉、黃豆粉、莧菜
●黃麻菜、豆芽菜、菠菜、茄子、橡 萵苣、芹菜、冬瓜、小黃瓜、豆苗、香蕉、鴻喜菇、羊栖菜（乾）、海帶芽（乾）、細絲昆布、海苔、青海苔、陸羊栖菜、燕麥片

> 額外添加的小佐料！

推薦用於腎臟保健的草藥或營養補充品

蔓越莓
能酸化尿液及抑制細菌繁殖進而預防膀胱炎，且因為還含有豐富的多酚，所以具有抗菌能力及抗氧化作用，另外還能減少牙結石的形成。

蘋果醋
豐富的鉀能幫助身體將水分排出，殺菌作用能防止細菌入侵到腎臟。另外還具有維持身體正常 pH 值的功效。

> 要早早開始保養我的腎臟唷！

CHAPTER 2 防止狗狗老化的預防與健康食譜

有助於心臟保健的食譜

對於即使生病也要持續工作的心臟，飼主可利用ＥＰＡ或維生素Ｑ等營養素強化狗狗的心臟功能，並且要避免肥胖及改善血液循環，減少心臟的負擔。

狗狗有下列情形時建議開始餵食

☐ 散步沒多久就開始喘氣

☐ 早上感覺貧血而且不願意吃飯

☐ 四肢摸起來特別冰冷

富含維生素的香魚飯

香魚含有很多心臟保健所需的營養素，在初夏～秋天的季節可經常餵給狗狗。

材料

- ●香魚…1尾
- ●萵苣…
  30 公克（約1片）
- ●芹菜…
  20 公克（約4公分）
- ●蘆筍…
  25 公克（約1根）
- ●秋葵…
  10 公克（約1根）
- ●青紫蘇葉…1片
- ●鴻喜菇…
  10 公克（約1/10 包）
- ●細絲昆布…少許
- ●藜麥…2/3 大匙
- ＋ SET 心臟保健套餐

作法

1 將整尾香魚切段，萵苣、芹菜、蘆筍、秋葵、青紫蘇葉、鴻喜菇切碎。藜麥稍微水洗後放在耐熱容器中加 3 倍的水，包上保鮮膜放進微波爐裡加熱（600W 8～9分鐘、500W 10～12 分鐘）後再燜 15～20 分鐘左右。

2 鍋裡放入心臟保健套餐之昆布水 300 毫升（只用清水也 OK），沸騰後加入香魚煮約 3 分鐘。接著放入 1 之芹菜、蘆筍、秋葵、鴻喜菇再煮約 2～3 分鐘。關火前加入 1 之萵苣，接著移到容器內放涼。

3 待餘熱散去後加入 1 之藜麥、青紫蘇葉、細絲昆布及剩下的心臟保健套餐，用手加以攪拌均勻即可完成。

吃心補心之
強心餐

雞心內富含心臟所需之牛磺酸及肉鹼（carnitine），每星期可餵食1～2次。

材料

● 雞里肌肉 … 65 公克（約 1 條）
● 雞心 … 25 公克（約 2 顆）
● 紅椒、黃椒 … 各 40 公克（各約 1/4 個）
● 花椰菜 … 25 公克（約 1 朵）
● 小蕃茄 … 20 公克（約 2 顆）
● 春菊 … 7 公克（約 1 根）
● 舞菇 … 15 公克（約 1/6 包）
● 寒天棒 … 約 5 公分
+ **SET** 心臟保健套餐

> 雞心約佔
> 全部肉的30%

作法

1 將雞心上的脂肪去掉，切成一口大小。另將紅椒、黃椒、花椰菜、小蕃茄、春菊、舞菇切碎。寒天棒浸泡在水裡備用。

2 鍋裡放入心臟保健套餐之昆布水 300 毫升（只用清水也 OK），沸騰後加入雞里肌肉與 1 之雞心，煮約 3 ～ 4 分鐘，接著加入 1 之紅椒、黃椒、花椰菜、小蕃茄、春菊、舞菇再煮約 3 分鐘。

3 將 1 之寒天棒的水擠乾並切碎後放入 2 煮到溶化，接著移到容器內放涼。

4 待餘熱散去後加入剩下的心臟保健套餐，用手加以攪拌均勻即可完成。

一定要加的
心臟保健套餐 **SET**

內含從旁協助心臟工作的三項食材。當血液太過黏稠或脂質太多時，會讓心臟不斷地勉強工作。因此我們要做的就是幫狗狗維持血液與血管的健康，減少對心臟的負擔。

昆布水

其中所含的精胺酸與鈣質能防止動脈硬化，且一般認為海藻類的鈣質也不易沉積在血管內。製作的比例為每 200 毫升的水加入 3 公分左右的根昆布，浸泡一晚即可。

漢麻籽

> **小** 1/2 ～ 1 小匙
> **中** 1 ～ 1.5 小匙
> **大** 2 小匙以上

含有均衡的優質蛋白質與心臟所需的營養——必須脂肪酸。

乾薑粉

> **小** 耳勺 1 匙
> **中** 耳勺 2 匙
> **大** 耳勺 3 匙

能有效促進血流，溫暖身體核心，改善血液循環。由於還具有強力的抗氧化作用，因此也能預防老化。

※ **小** = 小型犬、**中** = 中型犬、**大** = 大型犬　55

心臟保健的重點事項

心臟是個從不休息的器官

在狗狗的一生中，心臟總是 24 小時從不間斷地持續工作。它利用自身的肌肉及幫浦，將血液送到全身，將氧氣運送到身體各處。由於無法休息，所以心臟機能隨著年齡增長而漸漸衰退，或許是一件必然會發生的事。而將營養送往心臟，減輕心臟的負擔，則是透過飲食多少能做到的事情之一。若是可以常保血液清澈、血流順暢的話，心臟的肌肉與幫浦工作起來也能更輕鬆一點。

脂肪會直接對心臟造成影響

進入身體的各種營養素在經過細分之後，會在肝臟接受檢查是否有毒素後再送往全身各處，但唯獨只有脂肪，會直接送往心臟。雖然這可能是因為心臟將脂肪酸當作營養以進行自主性的運動，所以隨時需要脂肪，但這也代表了所攝取的脂肪數量及品質對心臟會造成極大的影響。而氧化後的脂肪不論是對心臟還是對全身都會造成不良的影響。凍傷的脂肪或是開封後放置較久的食物都有很高的可能性會發生氧化，請大家要特別注意。

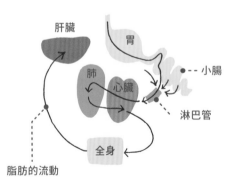

脂肪的流動

脂肪的流動
自小腸滲出的脂肪藉由淋巴管直接前往心臟。

脂肪以外營養的流動
自小腸滲出後先在肝臟進行解毒後，再往心臟。

推薦食材！

1 預防心臟及血管老化
抗氧化食品
（主要為蘆丁、維生素 E、維生素 C、β 胡蘿蔔素）

要防止心臟氧化，需要具有強力抗氧化作用的食材。其中以蘆丁能使微血管變得更柔軟而促進血流，具有維持血管健康的功用。維生素 E 能防止作為心臟所需營養的脂肪發生氧化，進而防止心臟受到損傷。

● **沙丁魚**

富含維生素 E 的沙丁魚能擴張微血管，將肌肉所需的營養送到每個角落。烹調時將頭及內臟清除，魚骨可用壓力鍋煮軟。

● **羽衣甘藍**

在青汁中常見的羽衣甘藍，可說是健康蔬菜之王。含有豐富的維生素 C、維生素 E 及蘆丁。

● **白蘿蔔**

根部含有大量的消化酵素與維生素 C，葉子部份含有比根部還多的維生素 C 及鉀，生食時記得連皮一起磨成泥食用。

● **青花菜**

除了具有抗氧化作用的維生素 C 之外，還含有多種辛辣成分。此外還含有豐富的鐵質能預防貧血。

● **芝麻**

除了具有抗氧化作用的芝麻素之外，主要成分還包括了優質蛋白質與脂質。可將芝麻磨碎後灑在狗狗的餐食上。

這些食材也很推薦

● 鮭魚、鰤魚、香魚、鮟鱇魚、青紫蘇葉、西洋香菜、南瓜、油菜花、蕪菁（根部）、金桔、杏桃
● 鰹魚、鰻魚、蛋黃、春菊、紅蘿蔔、菊花、小松菜、紅椒、蘆筍、彩椒、球芽甘藍、花椰菜、高麗菜、青椒、芽菜類、檸檬
● 毛蟹（要加熱煮熟，不可帶殼）、菠菜、黃麻菜、蕃茄、苦瓜、木瓜、紫花苜蓿、奇異果、柳橙、葡萄柚、海苔、細絲昆布、海帶芽、桑葚、蕎麥

※ ●=溫熱性、●=平性、●=寒涼性

2 預防血栓形成
EPA

在幾乎不攝取蔬菜、以海豹為主食的因紐特人中，極少有人罹患心臟病，據說是因為他們的血液中有著極為豐富的 EPA 所致。而一般認為這些 EPA 的來源，是來自於海豹的主食——青魚類。

● 竹筴魚
除了豐富的 EPA，還含有豐富的牛磺酸與鉀。搭配醋一起食用對心臟保健的效果更佳。

● 香魚
香魚的內臟含有特別多的 EPA，所以最好連同內臟一起餵給狗狗，否則會有點可惜。

● 鰹魚
高蛋白質低熱量的鰹魚，因為屬於具有藥效的魚類而備受矚目。

這些食材也很推薦
● 鹿肉、鮪魚、白帶魚、沙丁魚、鮭魚、鰤魚、星鰻、鯖魚、鯛魚、
小魚乾
● 秋刀魚、花魚、鰻魚、鰆魚、吻仔魚

---

3 強化心臟功能
維生素 Q

在人醫領域中做為心臟病藥物的維生素 Q（輔酶 Q10），能提高心臟功能防止心臟疾病。若缺乏的話可能會誘發心律不整。

● 心臟（牛、豬、雞）
心臟中含有豐富的維生素 Q，因此可吃心臟補心臟，但不可大量食用。

● 鮪魚
除了維生素 Q 之外，還富含能防止老化的核酸。如果是高齡犬的話，可一個月餵食數次。

● 黃豆粉
將「田中之肉」大豆磨成粉的食材，含有豐富的膳食纖維，可以簡單地當作餐食的小佐料，非常方便。

● 菠菜
菠菜有很強的造血作用，能有效預防貧血。由於含有較多草酸，需另外川燙過後再給狗吃。

這些食材也很推薦
● 肝臟（牛肝、豬肝、雞肝）、內臟、沙丁魚、鯖魚
● 鰹魚、鰻魚、花椰菜、馬鈴薯、栗子

---

4 排出血液中多餘的脂肪
膳食纖維（主要為水溶性膳食纖維）

水溶性膳食纖維能抑制血糖值及膽固醇值的上升，預防動脈硬化。由於具有軟便效果，不能讓狗狗一次大量攝取。

● 納豆
具有抗氧化作用且富含皂素能降低血液中的脂質。

● 舞菇
所含的 β - 葡聚醣為一種膳食纖維，較其他菇類還要豐富。

● 燕麥片
能提升血液的好膽固醇濃度，讓血液更加清澈。

● 水雲褐藻
滑溜的口感來自於一種水溶性膳食纖維——褐藻醣膠。

這些食材也很推薦
● 洋菇、金桔
● 羽衣甘藍、紅蘿蔔、蘋果、春菊、馬鈴薯、球芽甘藍、里芋、秋葵、蕃茄乾、長山藥、乾香菇、滑菇、芝麻、
鷹嘴豆、紅豆、黃豆粉、大麥、糙米、奇亞籽
● 牛蒡、黃麻菜、鴻喜菇、寒天、海帶根、羊栖菜、海帶芽、昆布、海苔、大麥

〔 額外添加的小佐料！ 〕

推薦用於心臟保健的營養補充品

還原型輔酶 Q 10
因為其回春效果而備受矚目的輔 Q 10，也就是維生素 Q，是維持心臟健康不可或缺的營養補充品。

魚油（鮭魚油）
雖然一般認為脂肪不利於心臟疾病，但脂肪酸卻有相反的效果，尤其是其中的 Omega-3 脂肪酸更是必要的營養素。

要讓我的心臟輕鬆一點唷！

CARE 6

有助於**肝臟保健**
的食譜

不均衡的飲食、添加物過多的飲食、吃太多、經常使用藥物都會對肝臟造成傷害。想要保養肝臟，就要經常給予狗狗抗氧化作用強的食材以及優質蛋白質。

狗狗有下列情形時建議開始餵食

☐ 肥胖

☐ 眼屎很多

☐ 拉肚子或嘔吐的情形增加

充滿牛磺酸的
牛舌餐

牛舌含有豐富的維生素能強化肝臟及修復細胞，可搭配解毒蔬菜一起餵食

材料

- ★水⋯250 毫升
- ●牛肉瘦肉⋯
  55 公克
- ●牛舌⋯15 公克
- ●蜆⋯7～8 顆
- ●芹菜⋯
  20 公克（約 4 公分）
- ●牛蒡⋯
  10 公克（約 4 公分）
- ●春菊⋯
  7 公克（約 1 根）
- ●四季豆⋯
  7 公克（約 1 根）
- ●芽菜⋯少許
- ●西洋香菜⋯一小把
- ●鴻喜菇⋯
  10 公克（約 1/10 包）
- ●木耳⋯
  10 公克（約 1 片）
- ●本葛粉⋯1 大匙

作法

1. 將將牛肉瘦肉、牛舌切成一口大小。芹菜、春菊、四季豆、芽菜、鴻喜菇、木耳切碎。若狗狗患有草酸結石，春菊要另外川燙。

2. 鍋裡倒入蜆及水後開火煮到蜆殼打開後稍微煮沸，取出蜆殼（若沒有蜆只用清水也 OK）。

3. 在 **2** 之鍋內加入 **1** 牛肉瘦肉及牛舌煮約 2～3 分鐘，邊煮邊將浮沫撈出。接著將牛蒡磨成泥狀加入，以及加入 **1** 之芹菜、春菊、四季豆、鴻喜菇、木耳，再煮約 3 分鐘。

4. 將本葛粉用蓋過粉末的冷水溶解後倒入 **3** 之鍋內加熱溶解至湯汁後，移到容器內放涼。

5. 待餘熱散去後加入芽菜及西洋香菜，用手加以攪拌均勻即可完成。

偶爾也可以做一頓牛舌餐給狗狗吃！

強化血管、防止老化之星鰻餐

高蛋白質低熱量，抗氧化能力強的星鰻加上維生素，提高狗狗的活力。

材料

- ★水 … 250 毫升
- ●星鰻 … 75 公克（約1尾）
- ●蜆 … 7 ～ 8 顆
- ●長山藥 … 70 公克（約3公分）
- ●白蘿蔔 … 35 公克（約1公分）
- ●蘆筍 … 25 公克（約1根）
- ●油菜花 … 20 公克（約1根）
- ●紅蘿蔔 … 20 公克（約2公分）
- ●菊花 … 1/3 個
- ●羊栖菜 … 1 小匙
- ●芝麻 … 少許

作法

1 將星鰻切成一口大小。蘆筍、油菜花、羊栖菜切碎。菊花從花萼上取下花瓣。

2 鍋裡倒入蜆及水後開火煮到蜆殼打開後稍微煮沸，取出蜆殼（若沒有蜆只用清水也 OK）。

3 在 **2** 之鍋內將白蘿蔔磨成泥狀加入，並放入 **1** 之星鰻、蘆筍、油菜花及羊栖菜，煮約 3 ～ 4 分鐘。關火前加入 **1** 之菊花花瓣及磨成泥狀之紅蘿蔔，稍微煮沸一下後，移到容器內放涼。

4 待餘熱散去後，將長山藥磨成泥狀加入，灑上芝麻，再用手加以攪拌均勻即可完成。

一定要加的
肝臟保健套餐 SET

鳥胺酸可以排出肝臟的毒素，牛磺酸可以強化肝臟功能，利用這些營養守護肝臟、防止老化及消除疲勞。同時還可以消除與肝臟有深刻關係的眼睛疲勞。可以事先做好放在冷凍庫貯存備用。

蜆湯

鍋中加入 1 公升的水與 40 顆左右的蜆後煮至沸騰，將浮沫撈出後再煮約 5 分鐘，將蜆殼取出。由於營養素都已溶入到湯汁裡，要不要把蜆肉給狗狗吃都沒關係。

> 額外添加的小佐料！

推薦用於肝臟保健的草藥及營養補充品

水飛薊

能增加肝臟在進行解毒時所需的成分，活化細胞再生。

蒲公英

> 磨成細粉

小 中 耳勺 1 匙、
大 2 匙

在恢復肝臟與膽囊之機能及排出滯留在體內的毒素方面十分有效。

肝臟保健的重點事項

肝臟兼任很多重要的工作

肝臟是體內最大的臟器，在調節身體血流量同時，還要處理很多重要工作。第一，是透過數百種酵素的作用進行運送營養素及回收老舊廢物的「代謝」。第二，是將入侵到體內的化學物質、毒素或細菌等加以無毒化的「解毒」。第三，是製造協助脂肪消化吸收的膽汁或尿素的「合成」。第四，則是將充滿營養素的血液「儲存」起來。不論是哪項工作，都是對於動物生存不可或缺的任務。

雖然是體內唯一可以再生的臟器，但再生的速度很容易衰退

肝臟除了能夠以細胞凋亡的方式消滅添加物、藥物、毒素或細菌等物質並同時進行解毒之外，還能在被切除掉一部分時再生，這個特性是其他臟器沒有的。然而隨著老化，肝臟變得容易受到有害物質影響，使得再生及修復的速度變慢。如此一來，細胞凋亡與再生之間的平衡被破壞，愈來愈多受損的肝細胞就此凋亡，導致肝臟逐漸壞死。為了防止這種肝臟老化的情形發生，就必須極力給予狗狗不需要進行細胞凋亡的環境，以及利用飲食來協助肝臟的細胞再生作用。

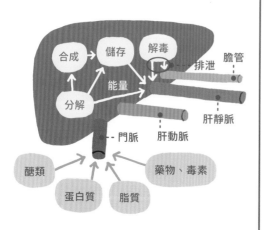

推薦食材！

1　維生素 B2
適合給有些肥胖的高齡犬

維生素 B2 能幫助身體將脂質轉換成能量，同時還能幫助新細胞的生成。如此一來可以將脂質在體內氧化而產生的代謝廢物分解及排出，減輕肝臟的負擔。對於有些肥胖的高齡犬，飼主可以特意多給一些含有維生素 B2 的食材。另外這種維生素耐熱卻不耐光照。

● 香魚
香魚同時含有極為豐富的維生素與礦物質，B2 的含量也極為豐富，是初夏時節不可遺漏的食材。幼香魚的營養價值與成年香魚一樣又比較便宜，建議可以選用。

● 雞蛋
不只維生素 B2，還均衡地含有維生素 A、D、E、B3、B6、B12 等營養素，乾燥蛋白也是不錯的食材。

● 枸杞果
枸杞又被稱為「長壽果實」，自六千年前開始就受到人們的重用。小型犬每天 2～3 顆、中型犬 3～4 顆、大型犬 4～6 顆。

● 黃麻菜
抗氧化維生素與鉀、鈣、鐵等營養素的含量高出其他蔬菜一大截，是非常適合多多攝取的蔬菜。

● 海苔
所含的維生素含量可與蔬菜、水果匹敵。完全不用費工夫就能輕鬆添加的食材，在想要偷懶時也很方便。

這些食材也很推薦

- 肝臟（牛肝、豬肝、雞肝）、雞心、鰤魚、鱈魚、星鰻、西洋香菜、羅勒、舞菇、納豆、乾薑粉
- 豬心、豬舌、鴨肉、鱈魚、鰻魚、鵪鶉蛋、

牛奶、起司、乳清、羽衣甘藍、柴魚、紅椒粉、乾香菇、豆渣、黃豆粉
- 牛舌、蜆、海帶芽、羊栖菜

※ ●=溫熱性、●=平性、●=寒涼性

2 對惡性貧血也很有效 B12

在魚貝類含量特別高的 B12，是在治療貧血時被發現的，同時也已被證明是製造紅血球的必須營養素。因為具有讓受損的神經細胞恢復正常的作用，因此也能有效預防認知障礙。

● 肝臟（牛、豬、雞）

在肝臟的含量中以牛肝最多，接著是雞肝及豬肝。每星期可餵食一次，最多不要超過整體肉量的 30%。

● 鮭魚

含有大量強肝維生素的鮭魚，煎烤起來特別香，因此還能夠促進狗狗的食慾。

● 牡蠣

在季節交替的初冬至早春時節可多餵幾次。小型犬一次 1 顆、中型犬 2 顆、大型犬 3 顆。

● 蜆

所含的鳥胺酸能強化肝功能，同時還富含有強力抗氧化作用的維生素 E。

這些食材也很推薦

● 香魚、沙丁魚、鯖魚
● 鱈魚、秋刀魚、鰹魚、鯉魚、干貝、柴魚

● 馬肉、海瓜子、蛤蜊、海苔

---

3 調整肝功能的平衡性 牛磺酸

清除有害物質所必須的牛磺酸，能強化肝臟功能，在肝功能下降時進行調整、維持平衡，保護肝臟細胞。其耐熱但溶於水，因此要連湯汁一起餵給狗狗。

● 干貝

含有優質蛋白質的低脂肪食材，每個月可做為配料給狗狗吃1～2次。

● 牡蠣
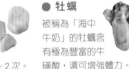

被稱為「海中牛奶」的牡蠣含有極為豐富的牛磺酸，還可增強體力。

● 牛舌

富含加熱也不會流失的牛磺酸，豐富的油脂具有極高的嗜口性，可增加整體食物風味。

● 蜆

蜆所含的牛磺酸為水溶性會溶到湯汁裡，所以即使不吃蜆肉也沒關係。

這些食材也很推薦

● 牛肝、牛里肌肉、雞胸肉、沙丁魚、鮪魚、鯖魚、鯛魚、竹筴魚、鰻魚、鰤魚、小魚乾

● 豬里肌肉、沙丁魚、鱈魚、鰹魚、雞蛋
● 海瓜子、蛤蜊、海苔

---

4 清除肝臟產生的活性氧 抗氧化食品
（主要為維生素 C、β 胡蘿蔔素、硒）

肝臟在代謝脂肪以及對化學物質、毒素或細菌進行解毒作用時，會產生活性氧。而抗氧化物質具有將這些活性氧清除掉的作用，進而保護肝細胞。

● 金槍魚、鰤魚、沙丁魚、鯖魚、真鯛、紫蘇、甜菜、蕪菁、南瓜、金橘、油菜花、羅勒、蘑菇、納豆
● 鰹魚、雞蛋、春菊、胡蘿蔔、蘿蔔（葉）、小白菜、小松菜、羽衣甘藍、青花菜、球芽甘藍、白花菜、捲心菜、甜椒、檸檬、藜麥、扁豆
● 黃麻菜、菠菜、橡葉萵苣、西洋菜、芹菜、蕃茄、苦瓜、木瓜

這些食材也很推薦

● 星鰻

鰻魚為淡水魚，星鰻是海水魚。雖然在營養價值方面以星鰻稍遜鰻魚一籌，但屬於低脂肪低熱量的食材，且硒的含量也很豐富。

● 西洋香菜

含有多種營養素，除了強力的抗氧化作用外，也具有多種藥效。切碎後可以每天都添加少量在餐食中。

● 蘆筍

蘆筍尖是營養最為濃縮的部位。可一次大量水煮後冷凍保存 2～3 個月，每次添加少量即可

● 菊花

減少苦味的食用菊花，具有防止老化及放鬆安神的效果。烹調時將花瓣放在湯汁裡即可。餵食量為小型犬 1/4 朵～大型犬 1 朵。

● 芽菜類

植物在發芽的過程中所含的維生素及酵素是最多的，可說是植物一生中最充滿生命力的時期。

● 芝麻

豐富的芝麻木酚素能強化肝臟功能。由於直接吃不易吸收，記得要磨碎後再餵給狗狗。

● 彩椒

雖然具有抗氧化作用的維生素 C 一般並不耐熱，但彩椒的厚實果肉可以保護它不易流失。

肝臟真的好忙碌唷！

有助於**關節保健**的食譜

雖然軟骨或營養補充品在關節保養方面十分重要，但狗狗若是水分不足的話，也會無法好好發揮它們的效用。所以現在就從提升狗狗身體的保水力以及確實補充水分開始吧！

狗狗有下列情形時建議開始餵食

☐ 變得無法跳上沙發或跳上床

☐ 脊椎的曲線漸漸變成圓弧型

☐ 散步時出現某隻腳無法著地的情形

利用海參進行修復及止痛之關節保健餐

海參能夠抑制發炎，紅蘿蔔及芹菜能排出鈣質減輕疼痛。

海參自古以來就是治療關節炎的藥物！

材料

- 小竹筴魚 … 3 尾
- 海參 … 10 公克
- 花椰菜 … 25 公克（約 1 朵）
- 芹菜 … 20 公克（約 4 公分）
- 秋葵 … 10 公克（約 1 根）
- 山藥 … 45 公克（約 2 公分）
- 舞菇 … 15 公克（約 1/6 包）
- 青紫蘇葉 … 1 片
- 紅蘿蔔 … 20 公克（約 2 公分）
- 海帶芽 … 8 公克
+ **SET** 關節保健套餐

作法

1 將小竹筴魚去掉內臟和頭部，連骨頭一同切成一口大小。海參、花椰菜、芹菜、秋葵、舞菇、青紫蘇葉、海帶芽切碎。關節保健套餐中的吉利丁粉加入 2 倍的水，放 5 分鐘以上泡開備用。

2 鍋裡倒入關節保健套餐的昆布水 300 毫升（只用清水也 OK）煮沸後，加入小竹筴魚、海參煮約 3 分鐘。接著加入 1 之花椰菜、芹菜、舞菇再煮約 2～3 分鐘。

3 關火之前加入 1 之秋葵、海帶芽及磨成泥狀之紅蘿蔔稍微煮沸一下，將 1 之吉利丁粉加入並稍微攪拌後，移到容器內放涼。

4 餘熱散去後，將山藥磨成泥加入並灑上 1 之青紫蘇葉，用手攪拌均勻即完成。

雞三重奏之最強關節餐

雞軟骨 & 卵丹（排卵前之蛋黃）
之便宜組合對關節也很有益。

材料

- 小雞腿 … 2 隻
- 雞軟骨 … 20 公克
- 卵丹 … 2 小顆
- 梨子 … 35 公克（約 1/10 顆）
- 苦瓜 … 35 公克（約 1/8 個）
- Colinky 南瓜 … 20 公克（約 1/15 個）
- 黃麻菜 … 10 公克（約 1 根）
- 芽菜 … 少許
- 滑菇 … 1 大匙
- 海帶根 … 2/3 大匙
- + SET 關節保健套餐

作法

1 將苦瓜、Colinky 南瓜、黃麻菜切碎。關節保健套餐中的吉利丁粉加入 2 倍的水，放置 5 分鐘以上泡開備用。

2 鍋裡倒入昆布水 300 毫升（只用清水也 OK）煮沸後，加入小雞腿、雞軟骨煮約 5 ～ 6 分鐘。接著加入 1 之苦瓜、Colinky 南瓜、黃麻菜及卵丹再煮約 3 分鐘。將小雞腿之骨頭取出。

3 關火之前加入磨成泥狀之梨子及滑菇稍微煮沸一下，將 1 之吉利丁粉加入並稍微攪拌後，移到容器內放涼。

4 待餘熱散去後，加入海帶根及芽菜，用手加以攪拌均勻即可完成。

一定要加的
關節保健套餐 SET

關節疼痛對狗狗來說是非常不舒服的事，有時還會演變成無法自行走動，所以平常就要勤於使用能夠保養關節的食材，防止惡化，讓狗狗在生活中不要感受到疼痛造成的壓力。

昆布水

昆布中的褐藻醣膠、黏性成分以及豐富的鈣質，再加上水就是非常好的關節保健食材。製作的比例為每 200 毫升的水加入 3 公分左右的根昆布，浸泡一晚即可。可在冰箱中保存約一星期。不過如果是患有甲狀腺疾病的狗狗則應避免使用。

吉利丁粉

> 小 1/2 ～ 1 小匙
> 中 1 ～ 1.5 小匙 大 2 小匙以上

吉利丁是高蛋白質低熱量、零脂且容易消化吸收的食材。只要平常添加在餐食中，就可以讓狗狗每天都攝取到一些優質的膠原蛋白。

關節保健的重點事項

水分不足及肥胖、體寒都會對關節造成負擔

關節的機能和柔軟性會隨著老化而逐漸衰退及惡化，讓再生的速度追趕不上。而不論有沒有罹患關節疾病，在修復上都是十分困難的一件事。而為了維持現狀，就必須減輕關節的負擔。因身體水分不足而造成的保水力低下，以及因肥胖造成的體寒，對會對關節造成負擔。因此除了利用營養補充品進行關節保健之外，更重要的是讓狗狗多攝取水分以及減重，改善體寒現象！

有關節疼痛的狗狗要避開茄科的蔬菜

對於罹患有關節疾病的狗狗，關節保健的目標就在於盡量控制住惡化的速度，讓狗狗在生活中不要感受到疼痛。而在飲食方面能做到的，雖然無法期望有極佳的效果，但至少可利用好吃的軟骨成分來進行平日的保養。另外有件事可能大家不太清楚，那就是對於患有關節疼痛的狗狗，不能給牠們吃茄子、馬鈴薯、彩椒、小蕃茄、青椒等茄科的蔬菜。因為茄科蔬菜含有一種名為茄鹼（Solanine）的成分，會妨礙肌肉功能及誘發疼痛。另外香菸中的菸草也屬於茄科，因此請不要讓狗狗接觸到！

茄科植物可能會造成關節疼痛

・茄子　　・馬鈴薯　・彩椒
・小蕃茄　・青椒　　・香菸等

推薦食材！

1 合成膠原蛋白不可或缺的 維生素 C

膠原蛋白的強度與體內維生素 C 的量成正比，因此要維持關節強韌就必須要有維生素 C。而因為維生素 C 為水溶性維生素，在攝取當天就會排出體外無法累積，所以必須每天讓狗狗積極地攝取。若是能搭配葡萄糖胺效果會更加顯著。

● 西洋香菜

維生素 C 的含量在蔬菜中為數一數二的西洋香菜，不需要烹調，還具有防止口臭與體臭以及預防貧血的效果，是極為優質的食材。

● 花椰菜

所含的維生素 C 是高麗菜的 2 倍，花蕾比莖的含量更高。因其所含的化合物具有抑制致癌性物質的特性而備受矚目。

● 紫花苜蓿
含有豐富的維生素 E，搭配維生素 C 有加乘效果。此外所含的矽也很豐富，具有緩解關節炎的作用。

● 梨子

所含的硼是形成骨骼的重要礦物質，還能促進鈣質的吸收。蘋果、海帶芽、寒天也含有相同的營養素。

● 苦瓜

其維生素 C 的含量在蔬菜中名列前五名，苦味成分中的抗氧化物質與維生素 C 加在一起能加倍防止老化。

這些食材也很推薦

● 青紫蘇葉、蕪菁、金桔、油菜花
● 白蘿蔔、青花菜、羽衣甘藍、球芽甘藍、高麗菜、小松菜、白菜、馬鈴薯、地瓜、

彩椒、秋葵、青椒、芽菜類、檸檬
● 萵苣、豆苗、蕃茄、芹菜、草莓、奇異果、柳橙、柿子、柚子、木瓜

2 抑制關節發炎
EPA、DHA

關節及軟骨都屬於蛋白質，而魚類也是優質的蛋白質來源。此外，青魚類所含的豐富 Omega-3 脂肪酸也具有抑制關節發炎的效果。

● 竹筴魚
脂質含量少的高蛋白質魚類，鈣質及防止老化的硒質很豐富，是很適合高齡犬食用的青魚類。

● 小魚乾
含有豐富的鈣質，可當作零食輕鬆餵食。若是體型比較大的小魚乾則應將頭部去掉。

● 吻仔魚
將沙丁魚的幼魚曬乾而成的吻仔魚，還具有預防貧血的效果。若狗狗完全以手作鮮食為食的話，也可將吻仔魚做為補充鹽分的來源。

推薦用於關節保健的營養補充品

Omega-3 脂肪酸

Omega-3 脂肪酸能有效緩和關節疼痛，特別是魚類來源的 Omega-3 脂肪酸比植物性來源的對狗狗更為有效。

● 綠唇貽貝
目前已知所含物質具有強力的軟骨再生能力和修復力，但機制尚未明瞭。

● 鯊魚軟骨
與蛋白質結合後，可連同膠原蛋白一起增加關節的保水性與潤滑性。

這些食材也很推薦

● 鹿肉、鮪魚、白帶魚、沙丁魚、鮭魚、香魚、鯖魚、鯛魚、鰤魚、星鰻

● 鰹魚、鰻魚、秋刀魚、花魚、鱈魚
● 蕪菁、寒天、大麥、燕麥片

---

3 利用軟骨及水分來進行軟骨保健
三大軟骨成分

因為老化而導致軟骨發生磨耗、失去緩衝性及柔軟性是關節發炎與疼痛的主因。因此平常就要連同補充水分一起為狗狗補充膠原蛋白、軟骨素及葡萄糖胺三大軟骨成分。

脆脆的看起來好好吃唷！

（膠原蛋白）
● 雞翅、雞皮、牛筋
● 鰻魚
● 豬骨

（軟骨素）
● 雞皮、鯛魚眼、鮪魚眼
● 魚翅、泥鰍、比目魚、海鰻、滑菇、魚肉凍、里芋

● 海帶根、羊栖菜、海帶芽、海苔

（葡萄糖胺）
● 蘑菇
● 鰻魚、牡蠣、香菇、秀珍菇、金針菇、杏鮑菇、滑菇
● 黃麻菜、海帶根、羊栖菜、海帶芽

這些食材也很推薦

● 小雞腿（翅小腿）
含有豐富的膠原蛋白，連骨頭一起水煮後的高湯可冷凍保存備用，十分方便。

● 雞軟骨
蛋白質含量與和牛的沙朗部位相同。因為相對而言比較柔軟，只要用水煮方式烹調即可。

● 舞菇
雖然是含有葡萄糖胺的菇類，但吸收力並不高。能有效保護黏膜。

● 納豆
納豆的黏性成分能提升保水利，減輕對關節的負擔。給狗狗吃時請切碎後再餵食。

● 海參
在中國，自古以來就將海參當作治療關節疾病的藥物。因為不易消化要切碎後再餵食。

● 山藥
所含黏液成分對於關節再生與維持潤滑十分有效。生食時請磨成泥後餵食。

● 秋葵
黏性成分中有豐富的軟骨素，再加上也含有葡萄糖胺，效果加倍。

● 水雲褐藻
海藻中的黏性成分可成為保護關節的滑液成分，有利於關節保健。

● 根昆布
黏黏滑滑的部分中含有豐富的軟骨素，製作成昆布水也同樣有效。

高齡犬 Nadja 的夏季一週鮮食

Nadja 因為患有肝臟腫瘤，飲食以肝臟保健為主。主食的肉類及魚肉會選擇新鮮的種類，每餐替換，其他則使用冰箱裡既有的食物。歡迎大家做為選擇食材時的參考。

Nadja
17 歲的雪納瑞老奶奶。13 歲的時候還曾發生過肝腫瘤破裂的情況。現在的生活則是與腫瘤共存的同時，以維持生活品質為最優先的考量。

	早餐	晚餐
星期一	生馬肉、蜆湯、苦瓜、山藥、紅蘿蔔、秀珍菇、發酵木瓜、納豆、薏仁粉、蘋果醋、水飛薊、五苓散	鱈魚、紫薯、四季豆、青花菜、發酵蔬菜、紅蘿蔔、青海苔、青紫蘇葉、西洋香菜、蘋果醋、水飛薊、五苓散、味噌
星期二	豬後腿肉＋豬肝、黃麻菜、秋葵、發酵木瓜、紅蘿蔔、乾香菇、寒天、蘋果醋、水飛薊、五苓散、乾薑粉	雞胸肉＋軟骨＋蛋黃、蜆湯、小松菜、冬瓜、紅蘿蔔、羊栖菜、芝麻、柴魚、乾舞菇、西洋香菜、蘋果醋、水飛薊、五苓散
星期三	炒秋刀魚、蜆湯、水菜、發酵蔬菜、山藥、紅蘿蔔、草莓、紅紫蘇、乾舞菇、蘋果醋、水飛薊、五苓散	生馬肉、昆布水、木瓜、芹菜、紅蘿蔔、地瓜、紅棗、枸杞果、本葛粉、青海苔、蘋果醋、水飛薊、五苓散
星期四	生鹿肉、豌豆、豌豆莢、小蕃茄、紅蘿蔔、山藥、枸杞果、紅豆粉、蘋果醋、水飛薊、五苓散	鮪魚生魚片＋干貝、蜆湯、苦瓜、西瓜之白色果肉部分、牛蒡、紅蘿蔔、青花菜芽、乾舞菇、本葛粉、水飛薊、蘋果醋、五苓散
星期五	豬後腿肉、蜆湯、地瓜、黃椒、紅蘿蔔、發酵蔬菜、青紫蘇葉、本葛粉、蘋果醋、水飛薊、五苓散	白帶魚＋蛋黃、昆布水、小蕃茄、四季豆、冬瓜、牛蒡泥、乾舞菇、紅紫蘇、蘋果醋、水飛薊、五苓散
星期六	生鹿肉、蜆湯、甜菜、玉米、秋葵、青紫蘇葉、西洋香菜、杏鮑菇、寒天、蘋果醋、水飛薊、五苓散	香魚、昆布水、四季豆、地瓜、發酵蔬菜、蓮藕、紅蘿蔔、青花菜芽、本葛粉、蘋果醋、五苓散
星期日	雞胸肉、蜆湯、青椒、地瓜、芹菜、西瓜之白色果肉部分、青花菜、本葛粉、櫻花蝦、蘋果醋、五苓散、乾薑粉	生馬肉＋雞里肌肉＋鵪鶉蛋、舞菇、青花菜、紅蘿蔔、秋葵、發酵蔬菜、寒天、蘋果醋、五苓散、乾薑粉

CHAPTER.3

為高齡犬
精心設計的零食

本章來介紹幾種為高齡犬精心設計，可以在手作鮮食之餘開心地做給狗狗吃又有益健康的零食。在不同的季節裡、平日的獎勵過程中、或者是用來補充水分，都可以靈活運用喔！

我這麼可愛
快點給我吃啦！

材料

（分量為5個6.5×3.5公分之布丁模型）

★ 水（或蜆湯）… 200 毫升

★ 溫水 … 150 毫升

● 藍莓 … 約 15 顆

● 草莓 … 7 ～ 8 顆

● 蔓越莓汁 … 2 大匙

● 寒天粉 … 2.5 公克

● 羊奶 … 1 大匙

作法

1 將藍莓及草莓切碎，各自放入模型中。

2 將 1.5 公克的寒天粉加入 200 毫升的水（或蜆湯）中煮沸，接著加入蔓越莓汁攪拌均勻。

3 在 **1** 之模型倒入 **2** 直到模型邊緣下 1 公分，常溫下放置大約 30 分鐘，或是等餘熱散去後放入冰箱中凝固。

4 羊奶用溫水泡開至喜歡的濃度，和 1 公克的寒天粉一起放入鍋中煮沸。

5 在 **3** 之模型裡緩慢倒入 **4**，再放置約 30 分鐘凝固。凝固後即可從模型倒出到容器內。

POINT

花青素可消除
眼睛疲勞

花青素是保護果實不受到紫外線傷害的植物成分，能夠消除眼睛疲勞並透過清除活性氧來達到防止老化的效果。另外也能夠促進血液循環讓血液更清澈，以及有效強化肝臟功能。

▌ 在春天能夠養肝明目的 寒天凍

在容易生病的春天，透過富含花青素的零食，以其強力的抗氧化作用來提高免疫力！

在梅雨季節能夠舒緩溼氣壓力的水無月和菓子

梅雨季是個狗狗很容易水腫的時期，而紅豆最適合用來排出身體的水分。由於還含有豐富的多酚，也有防止老化的效果！

礦物質可以延緩細胞的老化

黃麻菜含有鈣、鉀、鐵等豐富的礦物質能夠紓解壓力，還能有效預防骨質疏鬆症。此外也能強化血管等黏膜部位，延緩細胞老化。而豐富的鐵質對於貧血也有很大的預防效果。

材料
（分量為1個牛奶盒底部的大小）

- ★水 … 220 毫升
- ●紅豆粉 … 1 大匙
- ●寒天粉 … 1 公克
- ●豆乳 … 80 毫升
- ●黃麻菜粉（市售）… 1 小匙
- ●寒天粉 … 1 公克

作法

1 將牛奶盒從底部往上約 10 公分的高度剪開。

2 鍋裡放入 150 毫升的水、紅豆粉及 1 公克的寒天粉攪拌均勻，開火稍微煮沸後倒入至 1 之牛奶盒裡，於常溫下放置大約 30 分鐘，或是等餘熱散去後放入冰箱中凝固。

3 鍋裡放入 70 毫升的水、豆乳、黃麻菜粉及 1 公克的寒天粉攪拌均勻，開火稍微煮沸後，倒入已凝固的 2 裡，再放置約 30 分鐘凝固。

4 等 3 也凝固之後，將牛奶盒剪開取出水無月和菓子，沿對角線切成 4 等分後盛放在容器裡。

在夏天能夠幫助身體散熱的
方塊寒天

西瓜及小黃瓜強力的利尿作用能幫助身體將代謝廢物排出。
而抗發炎作用良好的鳳梨能夠預防夏天可能發生的感染。

材料

(各個分量為1個6×10公分保存容器的大小)

★水（或蜆湯）… 適量
●西瓜 … 200 公克（約 1/50 顆）
●鳳梨 … 200 公克（約 1/2 顆）
●黃瓜 … 200 公克（約 1 根）
●寒天粉 … 4.5 公克

作法

1 將西瓜、小黃瓜、鳳梨各自磨成泥狀。西瓜籽去掉。

2 在鍋裡放入 **1** 之西瓜泥 200 毫升與 1.5 公克的寒天粉攪拌均勻，開火稍微煮沸後倒入保存容器中，於常溫下放置大約 30 分鐘，或是等餘熱散去後放入冰箱中凝固。

3 將 **1** 之鳳梨泥 200 毫升進行與 **2** 之相同作法並凝固。

4 在 **1** 之黃瓜泥中加入足量的水（或蜆湯）至 200 毫升，與寒天粉一同放入鍋中攪拌均勻，開火稍微煮沸後倒入保存容器中，與 **2** 一樣放置至凝固。

5 將 **2**、**3**、**4** 各自凝固之寒天凍切成適當大小，盛放在容器中。

POINT

加強代謝將
老舊廢物排出體外

西瓜的瓜胺酸與精胺酸能強化代謝及腎臟功能，促使身體將代謝廢物排出體外。又因為含有茄紅素、維生素 C 及 β 胡蘿蔔素，所以也具有強力的抗氧化作用。

材料

（分量為章魚燒烤盤10顆的量）

● 水（或雞骨高湯）…
　400 毫升
● 甜菜根…
　400 公克（約1大顆）
● 枸杞果…
　約 15 ～ 18 粒
● 寒天棒…
　約 15 公分

作法

1　將寒天棒浸泡在水裡。甜菜根削皮後切丁。

2　鍋裡倒入水（或雞骨高湯）加以煮沸後，將 **1** 之甜菜根與枸杞果放入熬煮約 10 分鐘。待甜菜根煮軟之後，將裝飾用之枸杞果自鍋中取出。

3　在 **2** 之鍋裡的內容物以攪拌器或食物調理機打成糊狀再放回鍋內。

4　將 **1** 之寒天棒的水擠乾後切碎，放入 **3** 之鍋裡煮到溶化，倒入章魚燒烤盤的每個孔洞中。

5　待其冷卻並凝固之後從章魚燒烤盤倒出盛放在容器中，再放上枸杞果。

在秋天能夠改善血液循環和養肝的甜菜糖

號稱能「從嘴巴輸血」的甜菜根，能預防動脈硬化，其甜味成分甜菜鹼能提升肝臟機能，消除夏日疲勞。

POINT

甜菜根所含的鉀有利於身體消除水腫及肝臟保健

據說古羅馬人就已將甜菜做為治療發燒或便祕的藥物。豐富的礦物質和維生素能幫助身體消除水腫及保健肝臟，也能預防癌症。但若是有在限制鉀攝取量的狗狗則不建議食用。

材料

（分量為2顆小蕪菁的量）

● 小蕪菁 … 2 顆
● 甘酒 … 50 毫升
● 寒天粉 … 1 公克

作法

1　將小蕪菁的葉子留下 2 ～ 3 公分，其餘部分切掉，葉子根部仔細清洗乾淨，削掉一層薄皮。接著在葉子根部以下約 2 公分處用刀切開，做成一個蓋子。將生蕪菁本體的中央用湯匙挖空，挖出來的部分切碎。

2　在鍋裡放入甘酒、寒天粉及 1 之切碎的蕪菁煮沸後關火，慢慢倒入 1 之蕪菁本體內直到倒滿。

3　將 2 與 1 之蕪菁蓋子部分一同放入蒸鍋內蒸 15 分鐘，或是用 500W 微波爐加熱 7 ～ 8 分鐘。冷卻之後即可盛放在容器中。

POINT

能增加益生菌還能預防及消除便祕

甘酒對腸胃十分溫和，而且能加強腸胃道消化吸收的效率。擁有與點滴同樣等級的營養價值，能增加腸道內的益生菌、調整腸道內環境，因此也很適合用於預防及消除高齡犬經常發生的便祕情況。

在冬天能夠溫暖身體和整腸健胃的蒸蕪菁

蕪菁所含的異硫氰酸酯具有殺菌效果，有助於預防冬天可能發生的感染。

初春時節能夠提升
抗氧化力的南瓜布丁

南瓜所含的β胡蘿蔔素能強化黏膜細胞，
因此能夠提升免疫力！另外還能溫暖身體，
預防傳染病。

POINT

β胡蘿蔔素能
抗氧化及強化黏膜

β胡蘿蔔素在南瓜皮的含量最
多，所以最好連皮一起餵給狗
狗吃。而經常會去掉的南瓜瓤
部分所含的β胡蘿蔔素是果肉
部分的 5 倍，所以也請不要丟
棄一起加進去。

材料

（分量為兩個直徑10公分×高4.5公分
Cocotte烤皿的量）

● 南瓜…
　200 公克（約 1/8 顆）
● 豆乳… 200 毫升
● 肉桂… 少許
● 黑芝麻糊… 少許
● 寒天粉… 2 公克

作法

1　將南瓜切成適當大小，放入耐
　熱容器蓋上保鮮膜，以 500W
　微波爐加熱 2～3 分鐘，或
　用蒸鍋蒸 5～6 分鐘後，稍
　微壓碎。

2　鍋裡放入豆乳與寒天粉稍微

煮沸一下後關火。加入 1 之
南瓜與肉桂攪拌均勻，倒入
Cocotte 烤皿冷卻凝固。

3　凝固後用牙籤沾取黑芝麻糊在
　南瓜布丁上畫出虎紋的圖案。

能夠補充鈣質的
海鮮煎餅

一口氣加了多種富含鈣質的海鮮,是充滿
香氣的零食。和富含維生素 E 的油脂一起
食用還能促進鈣質吸收!

材料

(分量為10片2～3公分大的煎餅)

● 白肉魚(如:鱈魚、比目
  魚、鱸魚、花魚、鮭魚)…
  80 公克
● 櫻花蝦 … 1 小匙
● 吻仔魚 … 1 小匙
● 羊栖菜 … 1 小匙
● 亞麻醬油(或亞麻仁油、
  橄欖油)… 1 小匙

作法

1 將白肉魚之魚骨去掉,羊栖菜
  切碎(若是乾燥之羊栖菜則要用水泡
  開後再切)。

2 將 1 之白肉魚的魚肉、羊栖菜、
  櫻花蝦、吻仔魚及亞麻醬油全
  部放入食物攪拌器內攪拌均勻。

3 將 2 捏成直徑約 2 公分的圓球
  狀,間隔一些距離並排放在烘

焙料理紙上,再用手掌壓扁成
片狀。

4 烤箱先用 180℃ 預熱後,將 3
  連同料理紙一起放在烤盤上,
  以 180℃ 烤 10 分鐘。

5 烤完後利用烤箱的餘熱再溫熱
  約 5 分鐘,之後取出放涼即可
  完成。

補充鐵質的
肝脆片

被譽為「營養寶庫」的肝臟，含有豐富的維生素而有優秀的抗氧化作用，而且還能提高免疫力。

POINT

強化骨骼、
排出代謝廢物

由長角豆磨製而成的角豆粉是一種低脂肪、無咖啡因的食材，營養價值高且含有豐富的抗氧化物質。因為能強化骨骼及促進身體排出代謝廢物，很適合做為防止老化的食物。

材料

（分量為18×25公分之片狀）

- 肝臟（雞肝、豬肝、牛肝等）… 150 公克
- 米粉（或麵粉）… 50 公克
- 燕麥片 … 30 公克
- 角豆粉 … 1 大匙
- 亞麻薺油（或亞麻仁油、橄欖油）… 10 公克

※ 餵食肝臟前要先確認狗狗不會過敏。

作法

1 肝臟洗淨切成適當大小，和米粉、燕麥片、角豆粉、亞麻薺油一起放入食物攪拌器攪拌均勻。

2 將1放在烘焙料理紙上，蓋上保鮮膜用擀麵棍擀成厚約 5～7 公釐的餅。

3 烤箱先用 150℃預熱後，將 2 連同料理紙一起放在烤盤上，以 150℃烤 25 分鐘。

4 烘烤完成之後待餘熱散去再用刀切成適當的大小即可。

材料

（分量為2公分大的鬆餅裝滿一飯碗的量）

● 馬鈴薯 … 100 公克（約 1 小顆）
● 本葛粉 … 1 大匙
● 豆漿 … 50 ～ 60 毫升
● 麻炭 … 3 公克

作法

1 將馬鈴薯用微波爐加熱 5 分鐘
或蒸鍋蒸 8 分鐘後壓碎成泥狀。
本葛粉與麻炭混合，一邊慢慢加
入豆乳一邊揉和均勻。

2 將 **1** 揉和成團狀後，再捏成直徑
1 ～ 2 公分的球狀。在烤盤鋪上
烘焙料理紙，將鬆餅球排列在
料理紙上。鬆餅球的中央劃一
條線，做成咖啡豆風格的造型。

3 烤箱先用 180℃ 預熱後，將 **2**
連同料理紙一起放在烤盤上，
以 180℃ 烤 10 ～ 15 分鐘。

POINT

**炭能夠吸附有害
物質後排出體外**

麻炭具有特別高的
多孔性，因此擁有
很強的吸附力。雖
說做為食材的效能
目前尚未明瞭，但
含有豐富的膳食纖
維能活化腸道內的
益生菌，還能讓身
體回到弱鹼性。

護肝護腎的
麻炭鬆餅

飲食中使用麻炭可將添加物及代謝廢物吸附後
排出！減輕肝臟與腎臟的負擔。

**鯊魚軟骨粉
有助於關節保健**

由大青鯊軟骨製成
的粉末，富含天然
的軟骨素、膠原蛋
白及鈣質，最適合
用來進行關節保
健。只要平時灑在
狗狗的飯裡就能輕
鬆補充到這些營養
素。

保護關節的
雞蛋鬆餅

內含鯊魚軟骨粉充滿鈣質的雞蛋鬆餅，剛出爐的時候熱呼
呼又鬆軟，要注意不要餵狗狗吃太多唷！

材料
（分量為1公分大的鬆餅裝滿一飯碗的量）

● 米粉（或麵粉）… 30 公克
● 片栗粉 … 2 大匙
● 雞蛋 … 1 顆
● 羊奶粉 … 1 小匙
● 鯊魚軟骨粉 … 1 小匙
※ 若水分太少時，可再加少許水或牛奶
　或豆乳

作法

1　將米粉、片栗粉、羊奶粉、鯊魚
　軟骨粉倒入一個碗中稍微拌勻。

2　雞蛋確實打散後慢慢加入 **1** 中，
　用手仔細揉勻成為一個麵團。
　若水分太少時，可再加少許水
　或牛奶或豆乳進行調整。

3　將 **2** 捏成直徑 1 ～ 3 公分的圓
　球狀，在烤盤鋪上烘焙料理紙，
　將鬆餅球排列在料理紙上。

4　烤箱先用 180℃ 預熱後，將 **3**
　連同料理紙一起放在烤盤上，
　以 180℃ 烤 10 ～ 15 分鐘。

幫助整腸的
蘋果蕨餅

加了整腸作用極佳的蘋果汁與蘋果醋的蕨餅，
對消除便祕非常有效！

材料
（分量為10×25公分方形烤盤一盤的量）

- 蕨餅粉 … 50 公克
- 蘋果汁 … 300 毫升
- 蘋果醋 … 1 小匙
- 黃豆粉 … 5 大匙

作法

1 在鍋裡放入蕨餅粉及蘋果汁仔細
攪拌均勻，待蕨餅粉溶化後再加
入蘋果醋。

2 將**1**以中火熬煮 2～3 分鐘直
到變成透明狀，要持續攪拌以
免燒焦。

3 將鍋裡內容物移到方形烤盤裡
鋪平，確實包覆保鮮膜後放冷。

4 冷卻之後先灑上一半的黃豆粉，
切成喜歡的大小後，再將剩下
的黃豆粉灑滿在全部的蕨餅上，
盛裝到容器裡。

POINT

膳食纖維能
消除便祕及整腸

蕨餅粉是由蕨的根部精製而成
的澱粉，含有豐富的膳食纖維。
膳食纖維又分為水溶性及不可
溶性，蕨餅粉兩者的含量都很
豐富，能促進排便、消除便祕，
有效調整腸道功能。

材料

（分量為直徑2～3公分的糰子5顆）

- 地瓜 … 50 公克（約 1/5 顆）
- 蓮藕粉（市售）… 1 大匙
- 豆乳（或牛奶）… 2 大匙
- 乾薑粉 … 耳勺 2 匙

作法

1 將地瓜用微波爐加熱 3 分鐘、或蒸鍋蒸 6 ～ 7 分鐘、或是水煮 4 ～ 5 分鐘後，放入碗內壓碎，加入蓮藕粉及乾薑粉攪拌均勻。

2 將溫豆乳慢慢加入 **1** 中，仔細混合均勻

3 將 **2** 分成 **5** 等分用保鮮膜包住，揉捏成圓球狀。

照顧呼吸道的 地瓜糰子

蓮藕所含的黏性成分具有強大的黏膜保護作用，所以很適合給支氣管不好、容易咳嗽的狗狗吃！

POINT

強化黏膜，保護身體 不受病原菌的侵襲

蓮藕含有豐富的維生素 C，能強化黏膜保護身體不受病原菌的侵襲，也能有效防止老化。再加上膳食纖維豐富，所以也具有調整腸道內環境的作用。直接灑在狗狗的飯上也很 OK。

Nadja 的飲食最近變得更加用心補充水分

我家的老奶奶狗狗，17 歲的 Nadja，似乎在老年生活中又邁入了一個新的階段，感覺一口氣老了很多。去年只要把狗碗拿到牠的鼻子前面，牠還會自己大口大口地吃飯，但最近變成把鼻子塞到充滿湯汁的飯裡，一副要從「鼻子喝湯」的感覺。所以我也只能用手一口一口地把飯送到牠的嘴巴裡，不然的話根本就吃不了飯。

牠的食慾並沒有減少，應該說其實還增加了，所以吃飯的時候有時還會連我的手一起叼住，或是用臼齒咬我的手。不過，因為我覺得牠這樣正表示出牠生氣勃勃的樣子，所以在那個瞬間我反而覺得很開心。

由於太稀太水的湯汁沒辦法用手餵食，所以要讓食物有一定的黏稠性。雖說只要減少食物中的水分就可以簡單達到這個目的，但 Nadja 很難自行喝水，變成是我給牠多少水就是牠能夠攝取到的水分量，所以利用吃飯的時候補充水分就變得非常重要。而最重要的就是該把食物做成什麼型態，黏稠度要多少，才能在不減少水分的情況下又能用手拿著餵食呢？

在 Nadja 還能自己吃飯的時候，我每餐會給牠加 400 毫升的水，但現在這樣做就有點困難。於是在顧及到消化性和保水力的情況下，我把餵食次數變成一日三餐，每餐飯餵 250 毫升的水分。如果要從肉類與蔬菜提供這樣的水量的話，我會選擇本葛粉、山藥或馬鈴薯等黏稠性質的食材，來增加食物的保水性保水性。如果再加上閒暇時間補充的甘酒或羊奶之類的飲料，狗狗一天就能喝到 800 毫升的水了。

對高齡犬來說，水分不足要比營養不足還要令人擔心，所以希望大家務必要勤於為狗狗補充水分，千萬不要讓牠們渴到了。

這是什麼？
看起來很好吃
的樣子耶！

為了與不同症狀
的疾病順利共存
之健康食譜

狗狗一旦成為高齡犬之後，身上
不免會有一、兩種疾病或不舒服
的地方，但還是有不少狗狗可以
順利地與疾病共存，精神滿滿地
生活著！本章就來介紹一些能讓
狗狗與疾病共存又能保持生活品
質的食譜。

低鉀
牛尾餐

促進利尿的
烤秋刀魚餐

罹患**腎衰竭**時的食譜

腎臟是高齡犬常見的疾病，甚至有資料顯示腎臟病是狗狗的三大死因之一。雖然狗狗罹患腎衰竭後飲食管理就變得十分重要，但只要多下點工夫，狗狗還是可以吃得非常開心。

牛五花能量餐

狗狗有下列情形時建議開始餵食
☐ 被診斷出有腎衰竭
☐ 必須限制鉀的攝取量
☐ 必須限制蛋白質的攝取量
☐ 沒有食慾，或食慾時好時壞

超低鉀
西太公魚餐

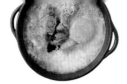

低鉀
牛尾餐

富含腎臟所需的鈣質，
以及高齡犬容易缺乏的膠原蛋白！

材料 （蛋白質合計：約11.8公克 / 鉀合計：約340毫克）

- ★水 … 600 毫升
- ●牛尾 … 30 公克
- ●雞蛋 … 1 顆
- ●木棉豆腐
  … 30 公克（約 1/10 塊）
- ●蜆 … 7 ～ 8 顆
- ●白菜
  … 20 公克（約 1/4 片）
- ●菊苣 … 10公克（約1片）
- ●青椒
  … 10 公克（約 1/4 顆）
- ●白稀飯 … 1 大匙
- **+SET 腎衰竭保健套餐**
  （魚油 / 麻炭 / 紫花苜蓿）

作法

1 將白菜、菊苣、青椒切碎，雞蛋的蛋黃與蛋白分開。

2 鍋裡放入蜆和水開火煮到蜆殼打開後稍微煮沸，取出蜆殼（若沒有蜆只用清水也 OK）。

3 在 **2** 之鍋內加入牛尾煮 40 ～ 50 分鐘（若使用壓力鍋則約 20 分鐘）。

4 在 **3** 中加入 **1** 之白菜、菊苣、青椒與木棉豆腐以及蛋白後大約煮 3 分鐘，移到容器內放涼（每餐的湯汁約 300 毫升）。

5 待餘熱散去後，加入 **1** 之蛋黃、白稀飯、腎衰竭保健套餐，用手攪拌均勻後即可完成。

促進利尿的
烤秋刀魚餐

秋刀魚烤過之後充滿香氣
又有飽足感，薏仁則具有利尿作用。

材料 （蛋白質合計：約11.1公克）

- ★水 … 300 毫升
- ●秋刀魚
  … 40 公克（約半尾）
- ●蜆 … 7 ～ 8 顆
- ●水煮大豆 … 10 公克
- ●小蕪菁
  … 40 公克（約 1/2 顆）
- ●小白菜
  … 20 公克（約 1 片）
- ●茄子
  … 20 公克（約 1/5 個）
- ●青木瓜
  … 20 公克（約 1/5 個）
- ●小蕃茄
  … 10 公克（約 1 顆）
- ●鴻喜菇
  … 15 公克（約 3 ～ 4 根）
- ●薏仁粉 … 1 小匙
- ●酥油（請參考 P.110）
  … 耳勺 1 匙
- **+SET 腎衰竭保健套餐**
  （蘋果醋 / 麻炭）

作法

1 將秋刀魚用鐵網烤過。小白菜、茄子、青木瓜、小蕃茄、鴻喜菇切碎。

2 鍋裡放入蜆和水開火煮到蜆殼打開後稍微煮沸，取出蜆殼（若沒有蜆只用清水也 OK）。

3 在 **2** 之鍋內加入磨成泥之蕪菁、**1** 之小白菜、茄子、青木瓜、小蕃茄、鴻喜菇與水煮大豆，大約煮 3 分鐘。接著再加入薏仁粉、酥油後稍微煮沸一下後，移到容器內放涼。

4 待餘熱散去後，加入腎衰竭保健套餐，用手攪拌均勻後即可完成。

腎衰竭保健套餐 SET

讓腎臟細胞盡量不再受損以及輔助腎臟機能的保健食品，請配合腎衰竭的階段或症狀選用。不論是哪一樣，若是過量攝取的話可能也會增加腎臟的負擔，所以請少量地長期給予，但中間要安排停用期。

魚油
- ›小 1/2 ～ 1 小匙
- 中 1.5 ～ 2 小匙
- 大 大：2 ～ 3 小匙

魚油已被證實能夠抑制慢性腎衰竭的惡化，如果是限制蛋白質的飲食則需要加倍給予。

麻炭
- ›小 耳勺 2 匙
- 中 耳勺 4 匙
- 大 耳勺 6 匙

麻炭能吸附有害物質、毒素及放射線物質後排出體外，不需要每天餵食，觀察狗狗的情況一星期給予數次即可。

牛五花能量餐

牛五花為低蛋白質、
高脂肪的食材，能為狗狗補充能量。

材料（蛋白質合計：約8.0公克）

- ★水 … 300 毫升
- ●牛五花肉 … 65 公克
- ●蜆 … 7 ～ 8 顆
- ●藜麥 … 2 小匙
- ●蓮藕
  … 50 公克（約 3 公分）
- ●冬瓜
  … 30 公克（約 1/100 顆）
- ●玉米及玉米鬚
  … 40 公克（約 1/8 根）
- ●西洋菜
  … 10 公克（約 2 根）
- ●西洋香菜 … 少許
- ●茅屋起司 … 1 小匙
- **+ SET 腎衰竭保健套餐**
  （魚油 / 麻炭 / 紅豆粉 / 蘋果醋）

作法

1. 將冬瓜、玉米及玉米鬚切碎。藜麥稍微用水洗過後，放入耐熱容器內加入 3 倍的水，包上保鮮膜用微波爐加熱（600W 8 ～ 9 分鐘、500W 10 ～ 12 分鐘）後，再直接燜 15 ～ 20 分鐘。

2. 鍋裡放入蜆和水開火煮到蜆殼打開後稍微煮沸，取出蜆殼（若沒有蜆只用清水也 OK）。

3. 在 **2** 之鍋內加入牛五花肉快速燙一下後撈出浮沫，接著加入磨成泥之蓮藕、**1** 之冬瓜、玉米及玉米鬚、紅豆粉，大約煮 3 ～ 4 分鐘。

4. 關火之前加入西洋菜，接著移到容器內放涼。

5. 待餘熱散去後，加入茅屋起司、**1** 之藜麥、西洋香菜及腎衰竭保健套餐，用手攪拌均勻後即可完成。

超低鉀西太公魚餐

西太公魚整尾都可以吃，
能補充鈣質。
油豆腐則是低鉀的優質蛋白質來源。

材料（蛋白質合計：約11.1公克）

- ★水 … 300 毫升
- ●西太公魚
  … 10 公克（約 10 尾）
- ●蜆 … 7 ～ 8 顆
- ●油豆腐
  … 10 公克（約 1/3 片）
- ●豆芽菜
  … 15 公克（約 15 根）
- ●豆苗
  … 5 公克（約 1/20 包）
- ●白稀飯 … 1 大匙
- **+ SET 腎衰竭保健套餐**
  （魚油 / 麻炭 / 紫花苜蓿）

作法

1. 將豆芽菜、豆苗、油豆腐切碎。

2. 鍋裡放入蜆和水開火煮到蜆殼打開後稍微煮沸，取出蜆殼（若沒有蜆只用清水也 OK）。

3. 在 **2** 之鍋內加入 **1** 之油豆腐和西太公魚，大約煮 3 分鐘。接著加入 **1** 之豆芽菜、豆苗快速煮熟後，移到容器內放涼。

4. 待餘熱散去後，加入白稀飯及腎衰竭保健套餐，用手攪拌均勻後即可完成。

紅豆粉

> **小** 1 小匙
> **中** 2 小匙　**大** 3 小匙

紅豆粉能幫助身體將多餘的水分排出，促進利尿作用。同時還含有豐富的維生素 C。若是需要限制鉀攝取量的狗狗則不可餵食。

蘋果醋

> **小** 1/2 ～ 1 茶匙
> **中** 1 ～ 2 茶匙
> **大** 2 ～ 4 茶匙

能幫助狗狗取得酸性與鹼性的平衡，特別適合給患有泌尿道結石的狗狗。若是需要限制鉀攝取量的狗狗則只能給予少量。

紫花苜蓿

> **小** 約 5 公克
> **中** 約 7 公克
> **大** 約 10 公克

紫花苜蓿為低鉀且富含維生素及礦物質的食材，還能有效幫助身體排出有害物質。建議讓腎衰竭的狗狗積極攝取。

腎衰竭與罹患時的保健重點

一旦罹患腎衰竭，就表示腎臟機能已有七成受損！

一旦腎臟機能受損，就會出現食慾不振或貧血等各式各樣的症狀，而在不同的腎衰竭階段，需要注意的飲食與照護內容也會有所變化。在腎衰竭的飲食療法中，有些療法為了減少吃入蛋白質所產生的代謝廢物（＝BUN），甚至會將主食裡維持健康不可或缺的蛋白質減少到幾近於零的程度。

然而，即使只是為了讓免疫力盡量不要衰退，在被診斷出腎衰竭之後，攝取最低限度的優質蛋白質仍是非常重要的事。因此希望大家能夠知道，減蛋白質不能沒頭沒腦地亂減，而是要選擇不會產生太多代謝廢物的優質蛋白質，並在了解狗狗所需的最低限度蛋白質量後可以試著餵食看看。

選擇食材的重點

重點 1 即使要限制磷的攝取量，還是要攝取必要量的蛋白質

罹患腎衰竭要限制的，其實是肉類或魚類中所含的磷（＝代謝廢物的源頭），而不是蛋白質本身。只要能選擇含磷量少的肉類或魚類，還是能確保某種程度的蛋白質。所以請飼主在準備狗狗的餐食時，選擇含磷量低的肉類或魚類，讓狗狗能攝取到最低限度的必要蛋白質量，這樣腎臟也能得到營養。

計算公式

A 一天所需的最低蛋白質量（公克）＝

$$2公克 × 體重（公斤）$$

一天建議餵食的肉、魚分量（公克）＝

$$A ÷ B （每100公克的肉、魚所含的蛋白質量（公克））× 100$$

※ 假設狗狗的體重為5公斤，則一天所需的最低蛋白質量為2公克×5＝約10公克。這隻狗狗應給予的牛五花肉量為10公克÷11.0公克×100＝約90.9公克

OK ⭕ 含磷量低的食材排行榜

	食材名稱	每100公克的含磷量	**B** 每100公克的蛋白質含量	體重5公斤的狗每天可給的分量
肉類 第1名	●牛五花肉	87毫克	11.0公克	90.9公克
第2名	●豬五花肉	120毫克	11.0公克	90.9公克
第3名	●牛舌	130毫克	15.2公克	65.8公克
第4名	●合鴨	130毫克	14.2公克	70.4公克
第5名	●牛後腿肉	160毫克	19.2公克	52.1公克
魚類 第1名	●鰤魚	130毫克	19.2公克	52.1公克
第2名	●秋刀魚	180毫克	18.5公克	54.1公克
第3名	●鱈魚	180毫克	17.6公克	56.8公克
第4名	●星鰻	210毫克	17.6公克	56.8公克
第5名	●鯛魚	220毫克	21.7公克	46.1公克

NG ❌ 含磷量高的食材排行榜

	食材名稱	每100公克的含磷量	**B** 每100公克的蛋白質含量	體重5公斤的狗每天可給的分量
肉類 第1名	●豬肝	340毫克	20.4公克	49公克
第2名	●雞肝	300毫克	18.9公克	52.9公克
第3名	●鴨肉	260毫克	23.6公克	42.6公克
第4名	●雞里肌肉	220毫克	23.0公克	43.5公克
第5名	●豬腰內肉	220毫克	22.8公克	48.8公克
魚類 第1名	●西太公魚	350毫克	14.4公克	70.9公克
第2名	●香魚	320毫克	17.8公克	37.6公克
第3名	●鮪魚	290毫克	24.3公克	41.2公克
第4名	●鰹魚（春季）	280毫克	25.8公克	38.3公克
第5名	●海鰻	280毫克	22.3公克	55.8公克

※ ●＝溫熱性、●＝平性、●＝寒涼性　※ 全雞蛋、優格、山羊奶也是含磷量低的蛋白質來源，推薦使用。

重點 2 狗狗需要限制鉀攝取量的時候要特別注意食材的含鉀量

一旦腎臟機能衰退，鉀的排出量就會減少而容易蓄積在體內，高血鉀症的風險也會提高，所以必須限制鉀的攝取量。而狗狗一旦需要限制時，飼主就必須盡量選擇含鉀量低的食材。但若不是這種情況的話，鉀就仍然是腎臟必須的礦物質，應該要確實攝取。

OK ⬤ 含鉀量低的食材

（每100公克中含量250毫克以下）

（蛋白質）	（蔬菜、其他）
●牛五花肉、金桔 ●西太公魚、牡蠣、秋刀魚、豬五花肉、全蛋、油豆腐、豆腐、豆渣 ●蜆、蛤蜊、海瓜子、蛋白、牛舌	●菊苣、青椒、甜豆、皇宮菜、彩椒、白菜、滑菇、玉米筍、檸檬 ●水雲褐藻、寒天、紫花苜蓿、蘿蔔嬰、豆芽菜、萵苣、黃瓜、冬瓜、茄子、白蘿蔔、苦瓜、藍莓、梨子、草莓

NG ✖ 含鉀量高的食材排行榜

（每100公克中含量350毫克以下）

（蛋白質）	（蔬菜、其他）
●真鯛、鮭魚、星鰻、竹筴魚、香魚、雞里肌肉、納豆、牛後腿肉 ●鰭魚、紅魽、鰹魚、鴨肉 ●海鰻	●羅勒、西洋香菜、甜菜、南瓜 ●黃豆粉、紅豆、四季豆、乾香菇、木耳（乾）、杏鮑菇、山藥、長山藥、球芽甘藍、小松菜、地瓜、羽衣甘藍、馬鈴薯、青花菜 ●昆布（乾）、香蕉、海帶芽（乾）、細絲昆布、羊栖菜（乾）、海苔、黃麻菜、椒 萵苣、蓮藕、芹菜

需要限制鉀攝取量的時候

由於鉀會溶在冷水或熱湯裡，所以可先將蔬菜等食材切碎並川燙後再用流水沖洗一下，就能夠減少鉀的含量。

重點 3 多攝取抗氧化物質清除活性氧，保護腎臟不受傷

過多的活性氧會傷害細胞，造成腎臟的氧化，而具有抗氧化作用的維生素C能清除這樣的活性氧。此外，由於腎臟病會造成水溶性維生素（C及B群）的流失，因此需要特別補充維生素類的營養素（特別是維生素C）。

● 蛋黃

蛋黃是營養價值極高且幾乎不會產生代謝廢物的全營養食物，可以每星期餵給狗狗吃3～4次的生蛋黃。

● 小松菜

富含維生素E及C的防老化蔬菜，鈣質的含量也很豐富。由於含鉀量較高，餵食前須先川燙過。

● 蕪菁（葉）

蕪菁的葉子含有特別豐富的維生素C、B1及B2，且果實及葉子的辣味成分也具有強力的清除作用能清除掉活性氧。

● 青椒

一般富含維生素C的蔬菜含鉀量也很高，但青椒卻是少數富含維生素C但含鉀量卻很低的寶貴蔬菜。

這些食材也很推薦

（維生素E）	（維生素C）
●鮭魚、鰤魚、香魚、沙丁魚、鮟鱇魚、青紫蘇葉、南瓜 ●鰹魚、春菊、鰻魚、紅蘿蔔、羽衣甘藍、芝麻、菊花、紅椒、青花菜、蘆筍 ●菠菜、黃麻菜、毛蟹（需加熱煮熟、不能帶殼）、海苔	●西洋香菜、青紫蘇葉、金桔、油菜花 ●羽衣甘藍、彩椒、青花菜、球芽甘藍、花椰菜、高麗菜、芽菜類、檸檬 ●黃麻菜、蕃茄、草莓、苦瓜、柚子、木瓜、海苔、海帶芽、奇異果

─── COLUMN ───

狗狗被診斷出有結石的時候

與年齡無關的腎臟疾病中有很多是泌尿道結石。其中主要為尿液偏鹼性時的磷酸胺鎂結石，以及尿液偏酸性的草酸鈣結石，兩種結石需要注意的重點都是狗狗需要補充水分。患有磷酸胺鎂結石的情況需要奢取酸性食材，草酸鈣結石的情況則要將葉菜類另外川燙過，將可能與鈣質結合的草酸清除掉。

CHAPTER 4 為了與不同症狀的疾病順利共存之健康食譜

貧血時的食譜

狗狗邁入高齡期後,胃酸的分泌會逐漸減少。而含有酸味的食物（如檸檬或梅干）能增加胃酸的分泌,進而增加鐵質的吸收率,達到防止貧血的效果。

狗狗有下列情形時建議開始餵食

☐ 患有腎臟疾病

☐ 牙齦或舌頭總是呈現蒼白的樣子

☐ 不願意吃早飯

充滿鐵質的 豬肝餐

整頓飯的含鐵量達 4.2 毫克,同時還有提升吸收律的維生素 C,以及均衡的維生素 B12 及葉酸。

材料

- ★水 … 300 毫升
- ●豬後腿肉 … 55 公克
- ●豬肝 … 20 公克
- ●蜆 … 7 ～ 8 顆
- ●地瓜 … 40 公克（約1/6顆）
- ●青花菜 … 30 公克（約1朵）
- ●黃椒 … 20 公克（約1/8顆）
- ●菠菜 … 10 公克（約1/3把）
- ●檸檬 … 切片的 1/2 片
- ●金針菇 … 15 公克（約1/10袋）
- ●鴻喜菇 … 10 公克（約1/10包）
- ●燕麥片 … 1 大匙
- ●肉桂 … 1 小撮
- ＋**SET** 高齡貧血保健套餐

作法

1 將豬後腿肉、豬肝切成一口大小。地瓜、青花菜、黃椒、菠菜、金針菇、鴻喜菇切碎。燕麥片放入耐熱容器中加水蓋過後放入微波爐內加熱 1 分鐘。

2 鍋裡放入蜆和水開火煮到蜆殼打開後稍微煮沸,取出蜆殼（若沒有蜆只用清水也 OK）。

3 在 **2** 之鍋內加入豬後腿肉、豬肝煮 4 ～ 5 分鐘。接著加入 **1** 之地瓜、青花菜、黃椒、菠菜、金針菇、鴻喜菇後再煮大約 3 分鐘,然後移到容器內放涼。

4 待餘熱散去後,加入 **1** 之燕麥片、檸檬、肉桂及高齡貧血保健套餐,用手攪拌均勻後即可完成。

檸檬能促進食慾。

香氣迷人、促進食慾的 鰹魚柴魚餐

鰹魚的產季在春、秋兩季的季節交換時期。能強化肝臟功能同時還能預防貧血。

材料

- ★水 … 300 毫升
- ● 鰹魚 … 70 公克
- ● 蜆 … 7 ～ 8 顆
- ● 白蘿蔔 … 50 公克（約 2 公分顆）
- ● 南瓜 … 40 公克（約 4 公分塊狀）
- ● 青木瓜 … 15 公克（約 1/20 顆）
- ● 小松菜 … 10 公克（約 2 ～ 3 片）
- ● 檸檬 … 切片的 1/2 片
- ● 西洋香菜 … 少許
- ● 杏鮑菇 … 15 公克（約 1 小根）
- ● 羊栖菜 … 1 小匙
- ● 本葛粉 … 1 大匙
- ● 柴魚片 … 1 撮
- **+ SET 高齡貧血保健套餐**

作法

1 將鰹魚切成一口大小。南瓜、青木瓜、小松菜、杏鮑菇、羊栖菜切碎。

2 鍋裡放入蜆和水開火煮到蜆殼打開後稍微煮沸，取出蜆殼（若沒有蜆只用清水也 OK）。

3 在 **2** 之鍋內加入鰹魚及 **1** 之南瓜、青木瓜、小松菜、杏鮑菇、羊栖菜後煮大約 4 ～ 5 分鐘，接著加入磨成泥的白蘿蔔。

4 將本葛粉用蓋過粉末的冷水溶解後倒入 **3** 之鍋內稍微煮沸後，移到容器內放涼。

5 待餘熱散去後加入檸檬、西洋香菜及高齡貧血保健套餐，用手攪拌均勻後即可完成。

CHAPTER 4 為了與不同症狀的疾病順利共存之健康食譜

一定要加的
高齡貧血保健套餐 SET

鐵質豐富的漢麻粉搭配富含維生素 C 能夠增加鐵質吸收率的蘋果醋。不論狗狗吃的是乾飼料還是手作鮮食，加上這個套餐就能夠適度地預防貧血。

蘋果醋

> **小** 2 小匙
> **中** 2 ～ 3 小匙　**大** 1 大匙

能促進鐵質吸收所需的胃酸分泌，且富含維生素 B12。透過整腸作用改善體寒現象進而促進血液循環，間接地改善貧血現象。

漢麻粉

> **小** 1/2 ～ 1 小匙
> **中** 1 ～ 1.5 小匙
> **大** 2 ～ 3 小匙

出類拔萃且均衡的含鐵量能安心地補充身體所需鐵質，可每日少量添加在食物裡。

貧血及貧血時的保健重點

高齡犬的貧血＝不是只因為鐵質不足而已

誘發貧血的原因並不單純，可能是各種不同的疾病所引起，也可能與老化的原因有關。高齡犬常見的貧血分為兩種模式，一個是因為腎臟疾病或腎臟功能衰退，導致腎臟分泌的造血賀爾蒙減少。另一個則是身體由於關節炎等慢性發炎持續發生，於是增加了過多的鐵調素（Hepcidin）分泌所導致。

針對改善貧血，飲食能做到的，是提供蛋白質及鐵質給負責造血的骨髓。而若是第二種模式的貧血，則可以利用魚類所富含的EPA、DHA 或 Omega-3 脂肪酸，來盡量抑制身體的發炎反應，讓身體不要分泌多餘的鐵調素。不論是哪一種貧血，都需要確實地讓狗狗盡量從食材攝取到該有的營養。

選擇食材的重點

重點 1 若屬於腎臟原因造成的貧血時應確實攝取鐵質

鐵是負責運送氧氣到全身的紅血球成分，因此一旦缺乏時就會直接造成貧血。鐵質分為動物性食品所含的血基質鐵 (hemeiron)，以及植物性食品或蛋類、乳製品所含的非血基質鐵 (non-heme iron) 兩種，而血基質鐵在體內的吸收率比較高，非血基質鐵則需要與優質蛋白質或維生素 C 一起攝取才能提高吸收率。不過，由於鐵質幾乎不會被排出體外，因此要特別注意不要攝取過量。

補充鐵質要注意補充的量唷！

計算公式

成犬一天所需的鐵質量（毫克）＝

$$1.4 毫克 \times 體重（公斤）$$

※ 體重5公斤的狗狗一天需要1.4毫克×5=7毫克，大約相當於54公克的豬肝。

● 豬肝 (13毫克)

肝臟中含鐵量最多的就是豬肝。一餐的豬肝量不能超過整餐肉量的三成，一星期給 1～2 次就很足夠。

● 小松菜 (2.8毫克)

小松菜的含鐵量在蔬菜中數一數二，順帶一提香草植物中的羅勒及百里香，其豐富的含鐵也是遙遙領先的。

● 羊栖菜 (乾) (6.2毫克)

乾燥羊栖菜的含鐵量特別多，由於不易消化吸收，給狗狗吃的時候請盡量切碎或用食物調理機磨成粉末。

● 燕麥片 (3.8毫克)

含有豐富的鐵質及膳食纖維，能調整腸道內環境，且在料理方面可以簡單地調整餵食量也是一大優點。

這些食材也很推薦

（動物性食品）
- 香魚（63 毫克）、雞肝（9 毫克）、雞心（5.1 毫克）、牛肝（4 毫克）、鹿肉瘦肉（3.9 毫克）、牛後腿肉（3.5 毫克）、牛菲力（2.8 毫克）、沙丁魚（2.3 毫克）
- 蛋黃（6.0 毫克）、赤貝（5 毫克）、干貝（2.2 毫克）
- 馬肉瘦肉（4.3 毫克）、海瓜子（3.8 毫克）

（植物性食品）
- 羅勒（120 毫克）、百里香（110 毫克）、西洋香菜（7.5 毫克）、南瓜籽（6.5 毫克）、納豆（3.3 毫克）、油菜花（2.9 毫克）
- 木耳（乾）（10.4 毫克）、黃豆粉（8.8 毫克）、紅豆（5.4 毫克）、油豆腐（4.2 毫克）、炸豆腐丸子（3.6 毫克）
- 岩海苔（48.3 毫克）

※（） 為每 100 公克的鐵質含量

　※ ●=溫熱性、●=平性、●=寒涼性

重點 2　一併攝取維生素 B12 與葉酸

維生素 B12 與葉酸又被稱為造血維生素，是惡性貧血必須之維生素。這兩者做為造血不可或缺的輔酵素，會彼此合作幫助身體製造負責將氧氣輸送到全身的紅血球。而一旦有所缺乏，就有可能導致貧血。

維生素 B12

● **干貝**
能讓血流順暢及強化肝臟功能，可在狗狗吃魚的日子添加。

● **蜆**
維生素 B12 與礦物質的含量極為豐富，可將蜆湯做為狗狗餐食的基本配備。

● **柴魚片**
只須少量就能攝取到多種維生素及礦物質的多營養食材。

● **馬肉**
內臟以外的瘦肉部分含有極高的維生素 B12。

這些食材也很推薦

● 肝臟（牛肝、豬肝、雞肝）、香魚、鮭魚、鯖魚
● 鰹魚、鱈魚、秋刀魚、牡蠣、鯉魚
● 海瓜子、蛤蜊、海苔

＋

葉酸

● **西洋香菜**
深綠色的葉綠素具有幫助造血的作用，能預防及改善貧血。

● **納豆**
含有五大營養素以及豐富的膳食纖維，是一種多營養食材。建議切碎後再餵給狗狗。

● **油菜花**
具有強力的抗氧化作用且能強化白血球的功能，可提升免疫力及預防貧血。

● **雞蛋**
包含除了維生素 C 和膳食纖維以外所有營養成分的全營養食物，也富含葉酸。

這些食材也很推薦

● 肝臟（牛肝、豬肝、雞肝）、酒粕、乾香菇
● 鰻魚、青花菜、蠶豆、球芽甘藍、毛豆、黃豆粉、春菊、蘆筍、
● 芝麻菜、羽衣甘藍
● 西洋菜、海苔、橡葉萵苣、海帶芽、黃麻菜、青海苔

重點 3　攝取維生素 C 幫助鐵質吸收

植物性的鐵質單獨攝取時吸收率很低，但若與維生素 C 一同攝取即可提高吸收力。此外維生素 C 還具有強化血管的作用以及強力的抗氧化作用，是防止腎臟劣化的必須營養素。由於維生素 C 很容易溶於水，因此食材最好切成大塊，或是烹調後再切。

● **白蘿蔔**
除維生素 C 外還富含能提高胃酸分泌的成分，讓身體更能有效吸收鐵質。將生的白蘿蔔磨成泥加在飯上即可。

● **青花菜**
豐富的維生素 C 含量在蔬菜中佔第三名，而且還富含葉酸及鐵質能預防貧血，可說是一種萬能蔬菜。

● **彩椒**
彩椒的維生素 C 含量比青椒還要豐富，且因為果肉厚實，加熱也不易流失。

● **檸檬**
產季在秋天的檸檬，所含的維生素 C 是柑橘類中的第一名。在狗狗餐食完成後擠上少許檸檬汁即可。

這些食材也很推薦

● 西洋香菜、青紫蘇葉、蕪菁、金桔、油菜花
● 紅蘿蔔、花椰菜、羽衣甘藍、球芽甘藍、高麗菜、小松菜、白菜、馬鈴薯、地瓜、
● 秋葵、青椒、芽菜類
● 萵苣、豆苗、蕃茄、紫花苜蓿、芹菜葉、柚子、芹菜、草莓、苦瓜、奇異果、柳橙、柿子、木瓜

> 〔 額外添加的小佐料！〕
>
> ### 推薦用於改善貧血的草藥
>
> **蕁麻粉末**
> ▶ 小 耳勺 1 匙　中 2 匙　大 3 匙
>
> 是血液的看守者，豐富的維生素與鐵質，能幫助造血及清掃血液。
>
>
>
> **玫瑰果粉末**
> ▶ 小 耳勺 1 匙　中 2 匙　大 3 匙
>
> 有「維生素 C 炸彈」之稱，維生素 C 的含量是檸檬的 10 倍，同時還能有效幫助鐵質的吸收。
>
>

CHAPTER 4 為了與不同症狀的疾病順利共存之健康食譜

加了菊苣纖維的
消除便祕餐

EFFECT
3
∨

腹瀉、便祕時
的食譜

腸為健康之要。小腸負責吸收各
式各樣的營養，大腸則負責吸收
水分及礦物質。不論狗狗是腹瀉
還是便祕，在飲食方面都會有許
多可以改善的方法，飼主要事先
了解才能即時應變喔！

便祕時可吃的
富含膳食纖維
之肉捲

黏液便腹瀉時可吃的
黏糊糊烤鯖魚餐

狗狗有下列情形時建議開始餵食

☐ 對氣壓的變化很敏感

☐ 經常有腹瀉或嘔吐的情形

☐ 連續 2 ~ 3 天沒有排便

☐ 持續排出黏膜便

血便腹瀉時的
抑制發炎涼性
海鰻餐

加了菊苣纖維的消除便祕餐

菊苣內富含的菊苣纖維在腸道內會形成凝膠狀，可促進腸道的蠕動運動、消除便祕。

材料

- ★水 … 300 毫升
- ●鯛魚頭（單側）與帶肉魚骨 … 200 公克
- ●里芋 … 70 公克（約 1 顆）
- ●蓮藕 … 40 公克（約 2 公分）
- ●菊苣 … 15 公克（約 2 片）
- ●青花菜苗 … 少許
- ●舞菇 … 20 公克（約 1/5 包）
- ●根昆布 … 3～4 公分
- ●納豆 … 1 小匙
- ●青海苔 … 一撮
- ●黑芝麻 … 少許
- ＋ **SET** 便祕保健套餐
  （乾薑粉／蘋果醋／亞麻醬油）

作法

1. 將鯛魚頭及帶肉魚骨仔細清洗，快速過水一遍去掉鱗片及污垢。里芋、菊苣、舞菇切碎。根昆布浸泡在水中備用（浸泡一晚風味更佳）。

2. 鍋裡倒入浸泡過根昆布的水，以弱火熬煮約 8～10 分鐘（只用清水也 OK）。放入鯛魚頭及帶肉魚骨，煮約 8 分鐘後取出，將魚肉及魚膠剝下備用。

3. 將蓮藕磨成泥狀加入鍋內，再加入 **1** 之里芋、菊苣、舞菇後煮約 3 分鐘，將根昆布取出，移到容器內放涼。

4. 待餘熱散去後加入 **2** 之魚肉、魚膠、青花菜苗、青海苔、黑芝麻及便祕保健套餐用手加以攪拌，最後再放上納豆即可完成。

便祕時可吃的富含膳食纖維之肉捲

利用食物調理機拌勻後只須蒸熟就可食用的簡單食譜，也可一次事先做好大量後冷凍保存。

材料

- ★雞胸肉絞肉 … 100 公克
- ●雞肝 … 40 公克
- ●鵪鶉蛋 … 1 顆
- ●馬鈴薯 … 80 公克（約中等大小的 1 顆）
- ●牛蒡 … 30 公克（約 10 公分）
- ●紅蘿蔔 … 30 公克（約 3 公分）
- ●青花菜 … 20 公克（約 1 朵）
- ●金針菇 … 15 公克（約 1/10 袋）
- ＋ **SET** 便祕保健套餐
  （乾薑粉／蘋果醋／亞麻醬油）

作法

1. 將鵪鶉蛋煮熟後剝殼，雞胸肉絞肉、雞肝、馬鈴薯、牛蒡、紅蘿蔔、青花菜、金針菇切成適當大小。

2. 將 **1** 之雞胸肉絞肉、雞肝、馬鈴薯、牛蒡、紅蘿蔔、青花菜、金針菇放入食物調理機內打成泥狀，用保鮮膜捏成長條形的圓桶狀後，再包上兩層鋁箔紙。

3. 在平底鍋內放入 **2** 及高度約為 **2** 之一半的熱水（分量外），蓋上鍋蓋以弱火先蒸 10 分鐘，接著翻面再蒸 10 分鐘（若水不夠的話再加一些水）。關火後燜 5 分鐘，分別自平底鍋取出鋁箔及湯汁。

4. 打開鋁箔，待餘熱散去後馬上切成一口大小。接著加入 **1** 之鵪鶉蛋、**3** 之湯汁 250 毫升及便祕保健套餐後即可完成。無法立刻吃完的可放入冷凍庫保存約兩個星期。

腹瀉／便祕保健套餐 **SET**

腸道為了能正常運作，會需要有豐富的血液供應。而只要血流順暢，就能促進腸道及其他臟器能夠順利運作。狗狗的腹瀉和便祕都可以利用促進血液循環的食材來改善，另外再加上分別針對這兩種狀況的有效食材，請飼主在平日就要進行相關的保健工作唷！

腹瀉／便祕共通食材

乾薑粉

> **小** 耳勺 1 匙
> **中** 2 匙
> **大** 3 匙

能快速發揮促進血液循環的效果，再加上含有豐富的膳食纖維，在寒冷的季節特別需要它。

蘋果醋

> **小** 1/2 茶匙
> **中** 1 茶匙
> **大** 2 茶匙

強大的整腸作用，能刺激腸道促進蠕動運動，對便祕也很有效，同時還具有促進血液循環的效果。

黏液便腹瀉時可吃的
黏糊糊烤鯖魚餐

狗狗會出現黏液便的腹瀉是因為大腸裡有很多腐壞的物質，透過鯖魚餐可以從裡到外溫暖狗狗的身體。

材料

★水 … 300 毫升
● 鯖魚 …
　80 公克（小尾的半片）
● 山藥 …
　50 公克（約 2 公分）
● 小蕪菁 …
　40 公克（約 1/2 顆）
● 白菜 …
　20 公克（約 1/2 片）
● 青紫蘇葉 … 1 片
● 蘑菇 … 15 公克（約 1 顆）
● 根昆布 … 3 ～ 4 公分
● 海帶根 … 1 小匙
● 味噌 … 耳勺 1 匙
+ **SET** 腹瀉保健套餐
　（乾薑粉 / 蘋果醋 / 本葛粉）

作法

1 將鯖魚以烤箱烤熟。白菜、青紫蘇葉、蘑菇切碎。根昆布浸泡在水中備用（浸泡一晚風味更佳）。

2 鍋裡倒入浸泡過根昆布的水，以弱火熬煮約 8 ～ 10 分鐘（只用清水也 OK）。

3 將蕪菁磨成泥狀加入鍋內，再加入 **1** 之白菜、蘑菇後煮約 3 分鐘，將根昆布取出，放入海帶根及味噌。

4 將腹瀉保健套餐中的本葛粉以蓋過粉末的冷水溶解，加入 **3** 中稍微煮沸後，移到容器內放涼。

5 待餘熱散去後加入磨成泥之山藥、**1** 之鯖魚、青紫蘇葉及腹瀉保健套餐，用手攪拌均勻即可完成。

血便腹瀉時的
抑制發炎涼性海鰻餐

帶有血液之腹瀉是因為腸道內發炎的關係，所以要多使用涼性的食材來減輕症狀。

材料

★水 … 300 毫升
● 海鰻 … 80 公克
● 秋葵 … 30 公克（約 1 根）
● 萵苣 … 20 公克（約 1 片）
● 黃麻菜（葉）
　… 3 公克（約 3 片）
● 鴻喜菇
　… 15 公克（約 1/6 包）
● 根昆布 … 3 ～ 4 公分
● 羊栖菜 … 1 小匙
● 梅干 … 1 個小指甲大小
+ **SET** 腹瀉保健套餐
　（乾薑粉 / 蘋果醋 / 本葛粉）

作法

1 海鰻若是未曾涮過的狀態則先快速過一下開水。秋葵、黃麻菜稍微水煮一下，切碎成黏液狀。萵苣、鴻喜菇、羊栖菜切碎。根昆布浸泡在水中備用（浸泡一晚風味更佳）。

2 鍋裡倒入浸泡過根昆布的水，以弱火熬煮約 8 ～ 10 分鐘（只用清水也 OK）。

3 在 **2** 之鍋中加入 **1** 之萵苣、鴻喜菇、羊栖菜，稍微煮 2 分鐘左右，將根昆布取出，加入梅干。

4 將腹瀉保健套餐中的本葛粉以蓋過粉末的冷水溶解，加入 **3** 中稍微煮沸後，移到容器內放涼。

5 待餘熱散去後加入 **1** 之秋葵、黃麻菜、海鰻及腹瀉保健套餐，用手攪拌均勻即可完成。

腹瀉

本葛粉

> **小** 1 大匙
> **中** 1 ～ 2 大匙
> **大** 2 ～ 3 大匙

能溫暖身體、保護黏膜，並提供容易消化的能量來源。在中醫裡經常做為胃腸炎的藥物使用。

便祕

亞麻薺油

> **小** 1 茶匙
> **中** 2 茶匙
> **大** 3 茶匙

能潤滑乾燥的黏膜，促進排便。雖然每種油類都可以使用，但要注意氧化的問題。

漂亮的便便是身體健康的證明喔！

腹瀉、便祕及發生時的保健重點

身體的免疫有將近七成是在腸道形成的，腸道不健康會讓身體更加老化

腹瀉和便祕是高齡犬常見症狀，尤其腹瀉是很重要的徵兆，若狗狗持續腹瀉好幾天而且沒有食慾，請務必盡快帶狗狗去動物醫院就診。但狗狗的精神或食慾在半天左右就恢復的話，若硬是幫牠們止瀉反而可能會讓毒素累積在體內。不管如何，腹瀉都會傷害腸道黏膜而容易有脫水的情況，因此在飲食及水分的補充上要特別注意。

而高齡犬便祕則可能因為下半身肌力或關節的衰退，導致腸道刺激減少、或因慢性腎衰竭等造成體內水分失衡的疾病導致。由於便祕會讓堆積在直腸的糞便毒素未經肝臟而循環到全身，進而導致體內發生氧化作用，因此要盡快解除症狀。另外，伴隨嘔吐的便祕有時可能是腸堵塞等嚴重疾病的症狀，要立刻帶狗狗去動物醫院。

選擇食材的重點

重點 1
狗狗反覆腹瀉與便祕可給予水溶性膳食纖維、便祕頑固則給予不可溶性膳食纖維

膳食纖維分為水溶性及不可溶性兩種，各自扮演著重要角色。水溶性膳食纖維在腹瀉初期只能給予少量，等症狀好轉後則可以煮熟後大量給予。便祕時則要煮熟後加上大量水分一同餵食。不可溶性膳食纖維因為會在腸道內膨脹刺激腸道蠕動，因此可在便祕時給予，但對於容易腹瀉的狗狗則量不能多。

水溶性膳食纖維

● **蘋果**
習慣用做整腸藥物的蘋果，在加熱後果膠會增加至 6～9 倍，請務必加熱後再餵食。

● **菊苣**
維生素及礦物質的含量雖不高，卻有極佳的整腸及清除活性氧的效果。

● **黃麻菜**
含有極為豐富的維生素類、鈣質及鉀，其黏性成分具有整腸及保護黏膜的作用。

● **海帶根**
所含的黏性成分具有能保護腸黏膜及提高保水力的作用，能改善腹瀉及便祕。

這些食材也很推薦
● 納豆、油菜花、金桔、舞菇、蘑菇
● 羽衣甘藍、紅蘿蔔、馬鈴薯、奇亞籽、里芋、地瓜、黃豆粉、長山藥、山藥、蕃茄乾、春菊、秋葵、球

芽甘藍、乾香菇、滑菇、鷹嘴豆、紅豆、四季豆、糙米、芝麻、菊芋
● 牛蒡、寒天、水雲褐藻、海帶芽、大麥、昆布、奇異果

不可溶性膳食纖維

● **蕪菁**
葉子和果實（胚軸）兩者都含有豐富的膳食纖維。果實建議磨成泥狀並加熱後再餵食。

● **青紫蘇葉**
只須少量就具有強力的殺菌作用，同時還能促進血液循環幫助腸道蠕動。

● **青花菜**
菜心也含有大量膳食纖維，而且還帶有甜味，可切碎後確實煮熟再餵食。

● **牛蒡**
同時含有豐富的水溶性及不可溶性膳食纖維，是具有強力整腸作用的蔬菜。可磨成泥狀並加熱後再餵食。

這些食材也很推薦
● 納豆、南瓜、油菜花、酒粕、西洋芹菜、栗子、蘑菇、乾香菇
● 蘋果、甜玉米、鷹嘴豆、豌豆、秋葵、毛豆、四

季豆、木耳（乾燥）、奇亞籽、乾香菇、紅豆、杏鮑菇、黃豆粉、芝麻
● 燕麥片、鴻喜菇、黃麻菜、柿乾、菊花

腹瀉時建議給予含有果膠等黏性成分的食材

食材中的果膠等黏性成分能促進整腸作用，並且能形成黏液覆蓋蓋腸黏膜，保護受傷的黏膜部位。狗狗在腹瀉的時候這種黏液會特別減少而讓腸黏膜受傷，並導致無法充分吸收水分而引發便祕。由於這種黏性成分還能夠提高保水力，所以在高齡犬的日常保健中建議可經常給予富含果膠的食材。

● 長山藥、山藥
水溶性膳食纖維中含有豐富的果膠，可直接磨成泥狀生食。

● 秋葵
同時含有水溶性膳食纖維及不可溶性膳食纖維兩種成分，可以保護黏膜。

● 里芋
富含水溶性膳食纖維及水分，且是薯類植物中的低熱量食材，要徹底煮熟再餵食。

● 蓮藕
雖然是可以生食的蔬菜，但還是建議磨成泥狀後稍微加熱煮成黏稠的湯汁。

這些食材也很推薦
● 納豆
● 鰻魚、日本叉牙魚、鯉魚、皇宮菜、滑菇
● 黃麻菜、海帶芽、羊栖菜、寒天、海苔

> 不論是腹瀉還是便祕都會用到體力呢！

利用發酵食品增加益生菌及提升免疫力！

隨著年齡增長，腸道內的益生菌會減少且壞菌容易增加。發酵食品及膳食纖維都是益生菌喜愛的食物而且不受到壞菌的歡迎，因此大量攝取發酵食品及膳食纖維可以增加益生菌的數量。此外益生菌增加可以讓副交感神經佔居優勢而提升免疫力。對於容易便祕的高齡犬，益生菌還能促進排便並將毒素排出體外，進而達到整腸的作用。

● 納豆
由於大粒的納豆不易消化，應切碎後再給狗狗食用。小型犬給予1小匙、中型犬1～2小匙、大型犬大約3小匙。

● 優格
可將原味優格加水稀釋成優格水給狗狗喝，同時還可達到補充水分的效果。

● 甘酒

能溫暖腸道、補充水分，且帶有的甜味更是受到狗狗歡迎。可在飯間調成狗狗喜歡的濃度給牠們喝。

● 味噌（少量）
日本代表性的發酵食品，用來補充鹽分的話一星期給一次即可，給的量大約是小型犬耳勺1匙、中型犬2匙、大型犬3匙。

這些食材也很推薦
● 起司、發酵蔬菜、柴魚、天貝

┌ 額外添加的小佐料！ ┐

推薦用於腹瀉及便祕保健的草藥及營養補充品

蜂蜜
> 小 1 茶匙
中 2 茶匙　大 3 茶匙

蜂蜜具有整腸作用，對腹瀉及便祕兩種狀況都有改善效果。在狗狗有症狀時再餵食即可，不用每天給予。

益生菌
能改善腸內細菌的平衡狀態，強化益生菌。高齡犬應定期餵食。

罹患**甲狀腺功能低下症**時的食譜

甲狀腺素分泌減少是高齡犬常見的疾病，讓我們透過飲食來恢復狗狗的活力吧！

狗狗有下列情形時建議開始餵食

☐ 被診斷出有甲狀腺機能低下症

☐ 身體出現左右對稱性的脫毛

☐ 尾巴上的毛變得稀稀疏疏

富含維生素 D 的鮭魚餐

鮭魚中富含與甲狀腺激素相似的維生素 D，搭配能夠溫暖身體的食材。

材料

- ★水 … 250 毫升
- ●鮭魚 … 80 公克（約 1 片）
- ●茄子 … 25 公克（約 1/4 個）
- ●舞菇 … 20 公克（約 1/5 包）
- ●鴻喜菇 … 10 公克（約 1/10 包）
- ●黃麻菜 … 6 公克（約 1 根）
- ●青海苔 … 1 撮
- ●櫻花蝦 … 少許
- **+ SET 甲狀腺機能低下症套餐**

作法

1. 將鮭魚大的魚骨取出，茄子、舞菇、鴻喜菇切碎，黃麻菜川燙備用。

2. 鍋裡加水煮沸，加入 **1** 之鮭魚、茄子、舞菇、鴻喜菇煮約 5 分鐘。關火之前將甲狀腺機能低下症套餐中的紅蘿蔔磨成泥狀加入，接著移到容器放涼。

3. 待餘熱散去後加入 **1** 之黃麻菜、青海苔、櫻花蝦及剩下的甲狀腺機能低下症保健套餐，用手攪拌均勻即可完成。

幫助消化的
新鮮生肉餐

生食容易消化，而且可以在飯後快速
提供能量。再加上馬肉屬於低脂肪的
肉類更為適合。

材料

- ★水 … 250 毫升
- ●生馬肉（冷凍）… 65 公克
- ●南瓜 … 50 公克（約 4 公分塊狀）
- ●彩椒 … 30 公克（約 1/5 顆）
- ●生香菇 … 20 公克（約 1 朵）
- ●蘑菇 … 30 公克（約 2 朵）
- ●羅勒 … 2 片
- ＋**SET** 甲狀腺機能低下症套餐

作法

1 將生馬肉自然解凍，南瓜、彩椒、生香
菇、蘑菇切碎。

2 鍋裡加水煮沸，加入 **1** 的南瓜、彩椒、
生香菇、蘑菇煮約 3 ～ 4 分鐘。關火之
前將甲狀腺機能低下症套餐中的紅蘿蔔
磨成泥狀加入，接著移到容器放涼。

3 待餘熱散去後加入 **1** 之生馬肉、羅勒及
剩下的甲狀腺機能低下症保健套餐，用
手攪拌均勻即可完成。

狗狗不習慣
吃生食的話可每次只
給少量直到習慣。

一定要加的
甲狀腺機能低下症保健套餐 **SET**

漢麻粉能夠補充容易缺乏的鋅，紅蘿蔔則是富含身體在吸收碘時所需的維生素 E。只要遵守右列
所建議的分量，狗狗就算每天攝取也不會有過量的問題。

漢麻粉

> ●小 1/2 ～ 1 小匙
> ●中 1 ～ 1.5 小匙　●大 2 小匙以上

富含甲狀腺所需的鋅且是粉末狀，因
此容易消化吸收。另外還含有豐富的
蛋白質能補充能量。

紅蘿蔔泥

> ●小 1 小匙
> ●中 2 小匙　●大 3 小匙～ 1 大匙

紅蘿蔔富含身體在吸收碘時所需的維
生素 E，而且重點還不是十字花科的
蔬菜，狗狗每天都可以安心攝取。

甲狀腺機能低下症及罹患時的保健重點

甲狀腺素的分泌量會減少，狗狗會失去活力

甲狀腺機能低下症是隨著狗狗邁入高齡後很容易罹患的疾病。一旦甲狀腺的機能減退，將食物轉換成營養的代謝過程就會失衡，難以控制蛋白質、醣類及脂肪的吸收。於是就會出現原本精力充沛的狗狗會失去活力、變得怕冷、皮屑增加、毛髮粗糙、明明沒有食慾卻逐漸增胖還有容易便祕等症狀。另外，甲狀腺素還肩負調整血中鈣質濃度的任務，所以還可能有容易感受到關節疼痛的現象。在甲狀腺素的分泌減少之後，飲食上能夠幫得上忙的地方不多，但有幾種食材因為會影響到甲狀腺的功能所以最好要避開。而正在進行甲狀腺機能低下症治療的狗狗，也請遵從獸醫師的指示選擇食材。

選擇食材的重點

重點 1 甲狀腺健康不可或缺的三種微量礦物質

礦物質中有三種甲狀腺健康不可或缺的微量礦物質，即鋅、硒及碘（請參考重點2）。鋅是維持賀爾蒙的正常功能所需，硒則是抗氧化作用很強的成分，一旦缺乏會導致甲狀腺機能低下症。

各礦物質扮演著各個不同特定賀爾蒙的傳信鴿角色。

鋅

● **小魚乾**
小魚乾所含的鋅與肝臟等量，可做為零食給予非常方便。

● **蛋黃**
雖然蛋白不含鋅，不過蛋黃中的鋅含量比雞肝還豐富。每星期可餵 2～3 次的生蛋。

● **舞菇（乾）**
擺放在簍筐上於晴天的日子曬 2～3 天就可以簡單做出乾的舞菇。

這些食材也很推薦
● 沙丁魚、牛肩肉、鯖魚、牛後腿肉、南瓜、納豆
● 牡蠣、鰻魚、西太公
● 魚、白飯、黃豆粉、小扁豆、漢蔴、奇亞籽、莧菜、芝麻
● 海帶芽（乾）

硒

● **鮭魚**
雖然鰹魚及鮪魚的含量更高，但鮭魚也同樣含有硒且可以輕鬆取得。

● **豬腎臟**
偶爾可用來進行腎臟保健的豬腎，可在餵食豬肉餐時添加少量。

● **牡蠣**
含鋅量第一名的牡蠣所含的硒也很豐富，是礦物質的寶庫。在產季時可以一個月餵食數次。

● **柴魚片**
在食品中含硒量第一名，只須灑上少許就能攝取到足夠的量。

這些食材也很推薦
● 鮪魚、鯖魚、竹筴魚、紅魽
● 牛腎臟、蛋黃、鵪鶉蛋、松茸、鰹魚、比目魚、鱈魚

重點 ② 碘是甲狀腺素的主要原料，不可缺乏也不可過量攝取

碘是甲狀腺素的主要原料，不論是過多或缺乏都會引發甲狀腺機能障礙，因此需要特別注意。海藻中含有豐富的碘，尤其以昆布的含量最多，而乾燥羊栖菜的含碘量則是羊栖菜的大約 50 倍。每天只需要給予最低需求量即可，若是正在治療甲狀腺機能低下症的高齡犬，請務必遵照獸醫師的指示給予。

碘就是
Iodine喲！

計算公式

碘的每天最低需求量（毫克）＝

0.012毫克 × 體重（公斤）

※ 體重5公斤的狗狗所需的碘量為0.012毫克×5＝約0.06毫克，相當於2.2公克的青海苔。

● **羊栖菜（乾）（45毫克）**
乾燥的羊栖菜含碘量特別高，如果狗狗的甲狀腺沒有問題，可以偶爾攝取。

● **青海苔（2.7毫克）**
雖然含碘量一般，但每天灑在飯上餵食也不會造成攝取過量。

● **寒天（0.021毫克）**
由於寒天的含碘量很低，所以就算做為補充水分之用每天餵食也不會造成什麼影響。

這些食材也很推薦

● 櫻花蝦（0.11毫克）
● 牡蠣（0.073毫克）、全蛋（0.016毫克）、鵪鶉蛋（1.4毫克）、鱈魚（1.6毫克）
● 昆布（乾）（200毫克）、海帶芽（乾）（8.5毫克）、海帶芽（生）（1.6

克）、海帶根（生）（0.39毫克）、羊栖菜（生）（0.96毫克）、烤海苔（2.1毫克）、水雲褐藻（0.14毫克）

※（）為每100公克中的含碘量

重點 ③ 十字花科的蔬菜及大豆需要特別注意餵食的次數

十字花科的蔬菜或大豆食品雖然營養豐富，但其中的天然酵素甲狀腺腫原（Goitrogen）或大豆所含的大豆異黃酮（Isoflavone），會妨礙甲狀腺素的產生。由於經過加熱後可以讓這些成分減少，因此使用這些食材時請務必要煮熟後再給狗狗吃。若狗狗已被診斷出有甲狀腺機能低下症的話，則要避免每天餵食，改成一星期只能餵食幾次。

十字花科的蔬菜

油菜花、蕪菁、小白菜、白蘿蔔、球芽甘藍、白菜、高麗菜、青花菜、花椰菜、小松菜、羽衣甘藍、芽菜類、西洋菜等。

大豆製品

大豆、黃豆粉、豆乳、豆渣、油豆腐、炸豆腐丸子

── **COLUMN** ──

罹患甲狀腺機能亢進症時的保健重點是什麼？

甲狀腺機能亢進症過去在貓咪比較常見，但近來來狗狗發生的比率有增加的傾向。亢進症與低下症相反，因此要限制碘的攝取量，建議可讓狗狗攝取檸檬香蜂草，能夠抑制碘的作用。

┌ 額外添加的小佐料！┐

推薦用於甲狀腺機能低下症保健的草藥

人蔘

在藥膳中屬於補「氣」的食材，由甲狀腺機能低下症的狗狗會長期呈現慢性失去活力的狀態，人蔘可有效提升狗狗的活力。

EFFECT 5

罹患認知障礙症候群時的食譜

狗狗一旦罹患認知障礙症候群，可能會變得找不到狗碗的所在位置，還可能會變得食慾過度旺盛，這個時候牠們需要的是和以往完全不同的照護方式。在餐食方面，要做得更加香氣撲鼻，讓狗狗聞到就願意開心地吃飯。

> 地瓜還能補充糖分！

狗狗有下列情形時建議開始餵食

- ☐ 整天都在睡覺
- ☐ 視力或聽力逐漸衰退
- ☐ 反應遲鈍
- ☐ 沒走到廁所就尿出來
- ☐ 在同一個地方不斷地走來走去

▌為神經細胞補充營養的鰹魚餐

鰹魚富含的維生素 B6 及 B12 是神經細胞不可或缺的營養素，烤過後香氣會更加濃郁！

材料

- ★水 … 250 毫升
- ●鰹魚 … 80 公克
- ●蜆 … 7 ～ 8 顆
- ●地瓜 … 40 公克（約 1/6 顆）
- ●青花菜 … 25 公克（約 1 朵）
- ●紅蘿蔔 … 20 公克（約 2 公分）
- ●西洋香菜 … 少許
- ●舞菇 … 15 公克（約 1/6 包）
- ●海帶根 … 1 小匙
- **+ SET** 認知障礙保健套餐

作法

1 將鰹魚切成一口大小，以烤箱烤熟。地瓜、青花菜、舞菇切碎。

2 鍋裡倒入蜆及水後開火煮到蜆殼打開後稍微煮沸，取出蜆殼（若沒有蜆只用清水也 OK）。

3 加入 **1** 之地瓜、青花菜、舞菇煮約 4 ～ 5 分鐘，關火前將紅蘿蔔磨成泥狀加入，然後移到容器內放涼。

4 待餘熱散去後，加入 **1** 之鰹魚、西洋香菜、海帶根及認知障礙保健套餐，用手攪拌均勻後即可完成。

含有豐富維生素 B 群的 親子丼

雞胸肉含有豐富的維生素 B6，蛋黃具有強力的抗氧化作用，兩者加在一起強化腦部功能。

材料

- ★水 … 250 毫升
- ●雞胸肉 … 80 公克
- ●蛋黃 … 1 個
- ●南瓜 … 50 公克（約 4 公分塊狀）
- ●高麗菜 … 30 公克（約 1 片）
- ●紅椒 … 20 公克（約 1/8 顆）
- ●小蕃茄 … 20 公克（約 2 顆）
- **+ SET** 認知障礙保健套餐

作法

1 將雞胸肉切成一口大小，雞蛋的蛋黃與蛋白分開。南瓜、高麗菜、紅椒、小蕃茄切碎。

2 鍋裡倒入水煮沸之後，加入雞胸肉大約煮 3 分鐘。接著加入 **1** 之南瓜、高麗菜、紅椒、小蕃茄再煮 3 ～ 4 分鐘，然後移到容器內放涼。

3 待餘熱散去後，加入認知障礙保健套餐，用手攪拌均勻後即可完成。

> 我還沒有癡呆唷！

一定要加的
認知障礙保健套餐 SET

近年來有一個發現備受矚目，那就是帶有認知障礙或腦梗塞基因的人，在服用葉酸之後基因的表現會受到抑制。雖然狗狗並沒有相關的報告，但可以猜測葉酸對於預防狗狗的認知障礙應該還是有一些效果。

青海苔

> **小** 1/2 茶匙
> **中** 1 茶匙
> **大** 2 茶匙

青海苔所含的葉酸量僅次於麵包酵母佔第二位，同時還含有豐富的維生素B1，是可以每天積極攝取用來預防認知障礙的絕佳食材。

漢麻

> **小** 1/2 小匙
> **中** 1 小匙
> **大** 2 小匙

漢麻含有豐富的 α-亞麻酸，可在體內轉換為腦部的構成成分 DHA。再加上含以豐富的鐵及鋅，這些都是防止老化的必要成分。

※ **小**＝小型犬、**中**＝中型犬、**大**＝大型犬

認知障礙症候群及其保健重點

目前仍有許多不明點尚未釐清的認知障礙症候群

和人類一樣，認知障礙症候群至今仍是一個充滿了未解之謎的疾病。小型犬在 11 歲左右，大型犬在 8 歲左右，腦部的機能會開始逐漸退化，並開始出現一些輕度的症狀。狗狗的認知障礙症候群與人類的「阿茲海默症」有相似的症狀，一般認為原因可能是出自於腦細胞的氧化等問題而造成的功能退化。由於沒有特定的原因，所以也沒有

明確的治療方式，但只要能確實提供腦部正常運作時所需的營養，應該能達到預防或是延緩惡化的效果。包括提供腦部能量的糖分、腦神經所需的維生素B群、維持腦部運作的 DHA，還有運送這些營養的豐沛血液及氧氣。透過攝取這些營養，對於愈長壽風險就愈高的認知障礙症候群，哪怕是減輕嚴重程度也很足夠。

選擇食材的重點

重點 1
想要讓腦部與神經正常運作，維生素 B 群很重要

為了讓腦部與神經正常運作，維生素 B 群是非常重要的營養素。B1 能夠將腦部與神經的能量來源葡萄糖轉換成能量；B6 能夠將神經細胞釋放出的神經傳導物質往下一個細胞傳導，而且還能形成 GABA 穩定腦部的興奮；B12 能製造將血液運送到腦部的紅血球，讓神經細胞正常運作，三者肩負者各自應有的任務。

維生素 B1

● **豬腰內肉**

雖然豬舌、豬里肌肉、豬後腿肉等所有豬肉都含有維生素 B1，但腰內肉的含量是最多的。記得要確實煮熟後再餵食。

● **昆布**
將昆布水代替餐食中的水分就能夠溫和攝取。製作比例為 3 公分的昆布加 200 毫升的水。

● **黃豆粉**
能防止老化，除了具有強大的活性氧清除能力，維生素 B1 的含量也是一流，灑在飯上即可。

這些食材也很推薦

● 鮭魚、鱈魚、雞肝、鯉魚、竹筴魚
● 柴魚、豬後腿肉、鴨肉、豌

● 豆、紅豆
● 豬舌、燕麥片、芝麻、青海苔

維生素 B6

● **雞胸肉**
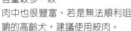
肉類中以雞肉的維生素 B6 含量較多，絞肉中也很豐富。若是無法順利咀嚼的高齡犬，建議使用絞肉。

● **鮪魚**

鮪魚和鰹魚的維生素 B6 含量都很豐富。鮪魚中各魚種的含量多寡依序為長鰭鮪魚、黃肌鮪魚、大目鮪魚。紅肉部分的含量就很高。

這些食材也很推薦

● 雞絞肉、雞肝、雞里肌肉、豬肝、牛肝、沙丁魚、鮭魚、鯖魚、鰤魚
● 豬後腿肉、鰹魚、秋刀魚
● 香蕉

維生素 B12

● **鰹魚**

維生素 B12 在魚貝類中的含量都很豐富，其中青魚類的含量相對較高，在大家經常吃的鯖魚罐頭中也很豐富。肉類的話則以肝臟的含量較多。

● **蜆**
蜆的維生素 B12 含量極為豐富，同時還含有極為豐富的其他營養素可以消除疲勞及生成骨骼。

這些食材也很推薦

● 雞肝、鮟鱇魚、牛肝、沙丁魚、牛心、豬肝、香魚
● 牡蠣、秋刀魚、干貝、小魚乾
● 海瓜子、青海苔、海苔

※ ●=溫熱性、●=平性、●=寒涼性　※ 生魚片中因為含有分解維生素 B1 的酵素，因此針對高齡犬務必要煮熟再餵食。

重點 2　選擇抗氧化作用強的食材來防止氧化、保護腦細胞

不論是腦細胞還是負責運送血液及氧氣到腦部的血管，都會在活性氧的影響下受到傷害。經常攝取含有維生素E及維生素C的強力抗氧化食材，能夠保護腦細胞及防止老化，進而達到預防認知障礙症候群的效果。維生素E能擴張微血管增加血流量、維生素C則是能防止氧化維持血管的健康。

● 南瓜
黃綠色蔬菜的代表選手。同時含有極為豐富的維生素E及C，抗氧化能力超群。

● 西洋香菜

同時含有豐富的葉酸，其預防認知障礙的效果備受矚目，所以從狗狗邁入初老時期開始就可以讓他們攝取。

● 青花菜
擁有多種藥效，不論是有抗氧化能力的維生素E和C，連維生素A也很豐富。是飼養高齡犬必備的蔬菜，可以切碎生食。

● 彩椒
和南瓜一樣，維生素E及C的含量都很豐富，不論是生吃還是加熱都沒問題

● 蛋黃

肉類的維生素E和C的含量都不高，但唯有蛋黃有著豐富的含量。

● 苦瓜
擁有強大的抗氧化能力，是促進利尿、防止老化的夏季必備蔬菜，尤其是維生素C特別豐富。

這些食材也很推薦

（維生素E）
● 鮭魚、青紫蘇葉、鰤魚、香魚、沙丁魚、鮟鱇魚
● 鰹魚、春菊、鰻魚、紅蘿蔔、白蘿蔔、羽衣甘藍、芝麻、菊花、小松菜、紅椒、蘆筍
● 菠菜、黃麻菜、海苔

（維生素C）
● 金桔、油菜花、蕪菁
● 羽衣甘藍、球芽甘藍、花椰菜、高麗菜、青椒、芽球類、檸檬
● 黃麻菜、蕃茄、木瓜、海苔、細絲昆布、海帶芽、奇異果

> 抗氧化作用對於防止老化非常重要！

重點 3　攝取葡萄糖含量多的食材，補充腦部的營養

腦部的能量來源為葡萄糖，身體為了確保腦部能優先得到所需之葡萄糖，一旦有葡萄糖不足的情況時，就會開始利用體內的葡萄糖並往腦部輸送，結果成為糖尿病的誘發因子。雖然白飯等澱粉類的食物會在體內轉換為葡萄糖，但意外地除了碳水化合物之外，還有許多食材也含有豐富的葡萄糖。

● 甘酒

能溫暖腸道，來自白米的葡萄糖也很豐富。比起白飯能更快速地抵達腦部。

● 紅蘿蔔

擁有強力的抗氧化作用，並已被證實能提高免疫力，其甜味成分就是葡萄糖。

● 高麗菜
所含的維生素C也很豐富，菜心部分的含糖量特別高，生食的話還能攝取到維生素U。

● 蜂蜜
所含的糖分本身能最快抵達腦部。在狗狗貧血或沒有活力的時候可抹在鼻子或嘴巴裡。

● 蘋果
容易吸收，能快速代謝成為能量。酸味成分有抑制老化的效果。

● 草莓
除了葡萄糖，還含有豐富的葉酸能預防認知障礙，可當作零食。另外也推薦奇異果。

這些食材也很推薦
● 蕪菁、巴薩米可醋、南瓜、西洋香菜
● 荷蘭豆、球芽甘藍、花椰菜、無花果、彩椒、白菜、青椒、玉米、蜜柑
● 茄子、蕃茄、香蕉、柿子、西瓜、葡萄柚、奇異果、鳳梨

┌ 額外添加的小佐料！ ┐

推薦用於預防認知障礙的營養補充品

魚油（主要為DHA）
Omega-3 脂肪酸中的 DHA 是腦部的構成成分，在青魚類及魚油中含量豐富，能有效預防認知障礙症候群。

EFFECT 6

罹患**癌症**時的
食譜

罹患癌症但仍然有食慾的狗狗，也能夠堅強地面對辛苦的抗癌治療。此時我們該做的，就是用讓狗狗身心都能感到愉悅的飲食進行正向的照護工作，維持牠們的體力！

狗狗有下列情形時建議開始餵食

☐ 被診斷出罹患癌症

☐ 身體容易長出疙瘩或腫塊

☐ 持續的低體溫狀態

☐ 容易浮腫

材料

- ★水 … 300 毫升
- ●紅金眼鯛之魚頭 … 半片
- ●豆腐 … 25 公克（約 1/10 塊）
- ●青花菜 … 20 公克（約 1 朵）
- ●空心菜 … 15 公克（約 1～2 根）
- ●根昆布 … 3～4 公分
- ●陸羊栖菜 … 5 公克
- ●水雲褐藻 … 1 大匙

+ SET 癌症保健套餐

作法

1 將紅金眼鯛魚頭清洗乾淨，快速過一下熱水，去除鱗片及髒汙。豆腐切成一口大小，青花菜、空心菜切碎。根昆布浸泡在水中備用（浸泡一晚風味更佳）。

2 鍋裡倒入浸泡過根昆布的水，以弱火熬煮約 8～10 分鐘（只用清水也 OK）。

3 在 **2** 之鍋內加入 **1** 之紅金眼鯛魚頭煮約 4～5 分鐘，再加入 **1** 之豆腐、青花菜及癌症保健套餐中的舞菇、枸杞果，再大約煮 2～3 分鐘，關火前加入 **1** 之空心菜及陸羊栖菜，並將癌症保健套餐中的紅蘿蔔磨成泥狀加入，稍微煮沸一下。

4 將紅金眼鯛魚頭及根昆布取出，其餘的食物移到容器內放涼。並將紅金眼鯛魚頭的魚肉剝下備用。

5 待餘熱散去後加入 **4** 之紅金眼鯛魚肉及水雲褐藻，用手攪拌均勻即可完成。

充滿 Omega-3 脂肪酸的紅金眼鯛餐

紅金眼鯛富含癌症細胞不喜歡的 Omega-3 脂肪酸，而且濃郁的香氣還能增加狗狗的食慾！

106

增加食慾之羊肉餐

香氣濃郁的羊肉推薦給食慾不振的狗狗食用，也用於保持體溫。

材料

- ★水 … 300 毫升
- ●羊肉 … 70 公克
- ●豆腐 … 25 公克（約 1/10 塊）
- ●小蕃茄 … 30 公克（約 3 顆）
- ●紫高麗菜 … 25 公克（約 1 片）
- ●芹菜 … 20 公克（約 4 公分）
- ●櫛瓜 … 20 公克（約 1/10 根）
- ●碎納豆 … 1 小匙
- ●根昆布 … 3 ～ 4 公分
- ●寒天棒 … 約 3 公分
- + **SET** 癌症保健套餐

> 體溫升高
> 不利於癌症

作法

1. 將羊肉、豆腐切成一口大小，小蕃茄、紫高麗菜、芹菜、櫛瓜切碎。寒天棒泡水，根昆布浸泡在水中備用（浸泡一晚風味更佳）。

2. 鍋裡倒入浸泡過根昆布的水，以弱火熬煮約 8 ～ 10 分鐘（只用清水也 OK）。

3. 在 2 之鍋內加入 1 之羊肉煮約 3 ～ 4 分鐘，一邊煮一邊將浮沫撈出。再加入 1 之豆腐、小蕃茄、紫高麗菜、芹菜、櫛瓜及癌症保健套餐中的舞菇、枸杞果，再大約煮 3 分鐘，將根昆布取出。

4. 將 1 之寒天棒擠乾切碎放入 3 之鍋內煮到溶化，接著將癌症保健套餐中的紅蘿蔔磨成泥狀加入，然後移到容器內放涼。

5. 待餘熱散去後用手攪拌均勻，最後放上納豆即可完成。

一定要加的
癌症保健套餐 **SET**

雖然不能讓狗狗的體溫下降是重要的保健工作，但在身體有發炎的情況時，還是必須冷卻下來。而與癌症有關的營養補充品雖然有很多種，但首先還是選擇具有強力抗氧化作用的食材並持續使用，才能兼顧預防及保健兩個方面。

紅蘿蔔泥

- ＞**小** 2 小匙
- **中** 3 ～ 4 小匙
- **大** 1 ～ 2 大匙

預防癌症必備的紅蘿蔔，可將其磨成泥狀後在關火前加入鍋裡烹煮，快速煮熟一下即可。

乾舞菇

- ＞**小** 2 ～ 3 片
- **中** 4 ～ 5 片
- **大** 6 ～ 7 片

乾舞菇含有豐富的 β 葡聚醣。許多癌症的營養補充品裡也都含有來自舞菇的成分。

枸杞果

- ＞**小** 4 ～ 6 顆
- **中** 6 ～ 8 顆
- **大** 8 ～ 10 顆

枸杞果擁有最強的活性氧清除能力，ORAC* 值是柳橙的 100 倍。可早、晚攝取。

*ORAC：氧自由基吸收能力 oxygen radical absorbance capacity 的縮寫。

※ **小** ＝小型犬、**中** ＝中型犬、**大** ＝大型犬

癌症及其保健重點

> 不論是要預防癌症還是要與癌症共存，都需要有足夠的免疫力

和人類一樣，狗狗的癌症發病率有一年比一年增加的傾向，有資料顯示，8歲的狗狗中，每十隻就有一隻以上的狗狗因為腫瘤疾病而必須往來動物醫院。另外，根據二〇一五年的寵物保險資料顯示：4～12歲的狗狗中最常見的死亡原因就是腫瘤疾病。雖然壽命愈長癌症的發病率就愈高，但實際上狗狗在超過13歲之後，因為腫瘤而就醫的數量反而有急遽減少的現象。

儘管飲食並不能治療癌症，但仍有可能達到遠離癌症或是與癌症共存的保健效果。而雖然即使是人類的癌症醫療中也還是有許多不明之處尚未釐清，效果方面也有很多模糊地帶，但這裡還是盡量彙整了最新的資訊，希望能透過愉悅的餐食來進行疾病照護，盡量讓狗狗過著沒有痛苦的生活。

選擇食材的重點

> 我也想試試看唷！

重點 1
給狗狗攝取因為癌症的預防與保健效果而備受矚目的植物化學物質

蔬菜或水果中的色素、香味、苦味等成分，目前被認為具有活化身體生理機能的作用（雖然還有很多尚未釐清的地方），而被稱為「第七營養素」。在這麼多的種類中，可以讓狗狗積極攝取那些因為高抗氧化能力能預防癌症而受到關注的物質，包括多酚、β葡聚醣、類胡蘿蔔素、有機硫化物、褐藻醣膠等。

類胡蘿蔔素

● 蕃茄

讓植物呈現紅色、黃色、橘色的色素成分，以茄紅素、胡蘿蔔素為代表。

這些食材也很推薦

●鮭魚 ●彩椒、紅蘿蔔、蜜柑 ●柿子、西瓜

多酚

● 紫高麗菜

由植物光合作用而製造出來的紫色，其中含有花青素及葉黃素等成分。

這些食材也很推薦

●紫薯、黑豆、藍莓、無花果 ●茄子

有機硫化物

● 青花菜

存在於獨特的臭味或辣味成分中，抗菌能力強且能有效維持血管健康。

這些食材也很推薦

●油菜花、蕪菁 ●高麗菜、白蘿蔔

β葡聚醣

● 舞菇

膳食纖維的一種，在菇類中含量豐富的健康成分。能提高免疫力、抑制癌細胞。

這些食材也很推薦

●香菇 ●杏鮑菇、滑菇 ●鴻喜菇、燕麥片

褐藻醣膠

● 水雲褐藻

海藻類富含的一種水溶性膳食纖維。其抗腫瘤的作用十分受到期待。

這些食材也很推薦

●青海苔、羊栖菜、海苔、昆布、海帶根

重點 2 一併攝取抗氧化作用強的維生素 E 與維生素 C

身體內產生過多的活性氧時，細胞受傷得到癌症的風險就會升高。抗氧化物具有清除活性氧的功能，因此不論是預防癌症或是讓癌症不要惡化都十分需要它。由於單獨攝取維生素 E 有時會自己發生氧化反應，因此務必要與維生素 C 一同攝取。

維生素 E

● **南瓜**
提升免疫力的必備食物，煮熟後的營養價值更高。

● **紅蘿蔔**
胡蘿蔔素的含量極為豐富，是預防癌症的必備食材，連皮一起稍微煮熟後即可餵食。

這些食材也很推薦
- 鮭魚、鰤魚、幼鰤、香魚、沙丁魚、鮟鱇魚、青紫蘇葉
- 鰹魚、蛋黃、鰻魚、羽衣甘藍、菊花、芝
- 麻、春菊、小松菜、紅椒、青花菜、蘆筍
- 菠菜、黃麻菜、白蘿蔔、海苔

+

維生素 C

● **西洋香菜**
濃縮許多高營養價值的營養素，只須添加一些即可。

● **馬鈴薯**
連皮一起磨泥煮成湯汁，可提高免疫力與防止老化。

● **陸羊栖菜**
陸上的海藻。據說對發熱型腫塊很有效，並含有豐富的維生素 C。

這些食材也很推薦
- 青紫蘇葉、金桔、油菜花、蕪菁（菜）
- 地瓜、羽衣甘藍、彩椒、青花菜、球芽甘藍、花椰菜、高麗菜、
- 青椒、芽菜類、檸檬
- 黃麻菜、蕃茄、草莓、芹菜、柚子、苦瓜、木瓜、海苔、海帶芽、柳橙、奇異果

重點 3 十字花科的蔬菜也被認為具有防癌效果

十字花科蔬菜所含的吲哚（indole）能保護細胞不受到致癌物質的傷害，蘿蔔硫素（sulforaphane）則可以增加破壞致癌物質的酵素，將致癌物質排出體外。

● **蕪菁**
葉子中同時富含胡蘿蔔素具有強力的抗氧化作用。辣味成分可預防癌症。務必要煮熟後再餵食。

● **白菜**
白菜的獨特成分能活化分解致癌物質的酵素。菜心還含有豐富的維生素 C。

這些食材也很推薦
- 油菜花
- 小白菜、白蘿蔔、球芽甘藍、水菜、高麗菜、青花菜、花椰菜、
- 小松菜、芝麻菜、芽菜類
- 西洋菜

重點 3 避免攝取容易成為癌細胞能量來源的單醣類

雖然這一點還眾說紛紜，但一般認為葡萄糖是癌細胞喜歡的營養物質。由於每次攝取糖分的時候也會讓癌細胞得到營養，因此控制攝取量應該還是會有一定的效果。

△ 含糖量高的食材排行榜

	食材名稱	每100公克之含糖量
第1名	吐司麵包	89.36毫克
第2名	冬粉	83毫克
第3名	紅豆	41毫克（但是具有強化腎臟的功效）
第4名	白飯	36.8毫克
第5名	糙米	34.2毫克
第6名	栗子	32.5毫克（但是澀皮部分的單寧酸具有預防癌症的效果）
第7名	地瓜	29.2毫克
第8名	香蕉	21.4毫克

可作為高齡犬熱量來源的 印度酥油製作法

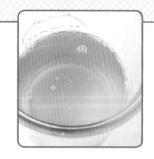

印度酥油是阿育吠陀的萬能油，是將奶油中的蛋白質、水分及雜質除去後製作而成。其中含有豐富的中鏈脂肪酸可直接運往肝臟，且因為不含蛋白質，能夠在不對腎臟造成負擔的情況下快速轉換成能量。對高齡犬而言可以說是好處多多。直接購買單價較高，但其實可以在家裡簡單地自行製作，只要存放在非日光直射的場所，常溫下約可保存一年左右。請大家務必試試看！

準備的道具

- 無鹽奶油 … 450 公克
- 濾網與不織布材質的廚房紙巾
  （或是瓷器咖啡濾杯及濾紙）
- 木製刮匙
- 耐熱容器
- 鍋子
- 烤網（如果可以的話準備兩片）

作法

 1 將無鹽奶油 放入鍋內

 **2** 開極小火 慢慢加熱

 3 煮到變成 金黃色

 4 用濾網 進行過濾

為了離火遠一點可在瓦斯爐上架上烤網（可以的話使用兩片），將奶油上的水氣擦乾放入鍋內，再將鍋子放在鐵網上。

先開中火，待奶油開始融化成液狀後轉為極小火加熱約 15 ～ 20 分鐘。絕對不可攪拌！也不可燒焦！

當鍋裡的小泡泡變成像透明的肥皂泡，且大的泡泡中有小泡泡開始出現後，就差不多可以了。

在將近 30 分鐘後，泡泡會變成像是螃蟹吐出的細微泡泡且發出香味後，就可以隔著濾網倒入耐熱容器中。剩下的殘渣可用在炒菜中。

CHAPTER.5

富含營養的
狗狗生日蛋糕

一年一度的生日，或是每個月一次的生日，狗狗在成為高齡犬後，感覺就是需要經常為牠慶生。這裡介紹的是考慮到營養均衡性以及水分補充、可當正餐食用的蛋糕，一年想要給狗狗吃幾次都沒問題。

雖然不知道
這是什麼，
但我很開心！

Liver

肝臟保健

肝臟負責非常多的工作，包括促進代謝、解除毒素的毒性、製造膽汁、調整體內的血液量及血液品質等都是。讓我們在狗狗生日的時候用蛋糕慰勞一下肝臟吧！

材料

（分量為長、寬各25公分×高5公分的正方形模型一個）

- ★水 … 600 毫升
- ●蜆 … 10 ～ 12 顆
- ●豬後腿肉 … 80 公克
- ●豬肝 … 50 公克
- ●黃椒 … 35 公克（約 1/6 顆）
- ●高麗菜 … 30 公克（約 2 片）
- ●紅蘿蔔 … 20 公克（約 2 公分）
- ●芹菜 … 20 公克（約 4 公分）
- ●花椰菜心 … 5 公釐厚的切片 2 片
- ●蜜柑 … 1 顆
- ●奇異果 … 1 顆
- ●鴻喜菇 … 25 公克（約 1/4 包）
- ●優格 … 100 公克
- ●寒天棒 … 約 20 公分
- ●白芝麻 … 1/2 小匙
- ●寒天粉 … 1 公克

POINT

用蜆湯顧肝臟

雖然外表裝飾著水果，但基底部分使用的是能夠幫助肝臟排出毒素的蜆湯，並且有滿滿的豬後腿肉與蔬菜。裝飾文字所用的豬肝更是適合用來補肝！

作法

1 將大碗上放上濾網並鋪上一張廚房紙巾，倒入優格後放進冰箱放置一晚，將水分瀝出（瀝出的乳清也可利用）。豬肝與豬後腿肉切成一口大小，黃椒、高麗菜、紅蘿蔔、芹菜、鴻喜菇切碎，另將寒天棒浸泡在水裡，花椰菜心切成 5 公釐厚之薄片。

2 鍋裡倒入蜆及水後開火煮到蜆殼打開後稍微煮沸，取出蜆殼。加入豬肉與豬肝煮約 3 分鐘，邊煮邊撈出浮沫，然後將四分之一的豬肝及 100 毫升的湯汁取出。接著再加入 1 之黃椒、高麗菜、紅蘿蔔、芹菜、鴻喜菇及花椰菜再燉煮約 2 ～ 3 分鐘後，將花椰菜取出。

2 將 1 之寒天棒切碎後放入 2 之鍋內煮到溶化，倒入模型內於常溫下放置 30 分鐘，或是在餘熱散去後放入冰箱凝固。

4 把先前 2 取出之豬肝及湯汁放入鍋內，加入寒天粉稍微煮沸。接著用食物調理機打成糊狀，放入英文字母模型（HAPPY BIRTHDAY）冷卻凝固。

5 將 3 從模型中取出，上方表面塗上 1 之優格。用 2 之花椰菜雕出愛犬的年齡數字。蜜柑與奇異果切成 5 公釐厚之薄片。

6 在 5 之蛋糕上 1/3 處擺上蜜柑與奇異果，下 2/3 處放上 4 之英文字母與 5 之數字。

（分量為直徑11.5公分×高6公分的4號蛋糕模型一個）

- ★水…200毫升
- ★蜆湯（或清水）…300毫升
- ●蔓越莓汁…150毫升
- ●豬後腿肉…50公克
- ●豬腎…50公克
- ●鵪鶉蛋…3顆
- ●冬瓜…50公克（約1/50個）
- ●秋葵…10公克（約1根）
- ●小蕃茄…約1顆
- ●蘿蔔嬰…適量
- ●藍莓…約7顆
- ●羊栖菜…1大匙
- ●羊奶…1大匙
- ●寒天棒…約15公分
- ●寒天粉…2公克
- ●本葛粉…1大匙
- ●紅豆粉…1小匙
- ●乾薑粉…耳勺1匙

作法

1 先製作蛋糕的上層。鍋裡放水200毫升，加入羊奶、寒天粉攪拌均勻，開火煮到沸騰後，倒進模型內於常溫下放置30分鐘，或是在餘熱散去後放入冰箱凝固。

2 接著製作蛋糕下層。將豬後腿肉、豬腎、冬瓜、秋葵、羊栖菜、蘿蔔嬰（除了裝飾用的以外）切碎，鵪鶉蛋煮熟、剝殼、切碎。另將寒天棒浸泡在水裡。

3 鍋裡倒入蜆湯（或清水）300毫升煮沸，將2之豬後腿肉與豬腎煮約3分鐘，邊煮邊撈出浮沫。接著再加入1之冬瓜、秋葵、羊栖菜、蘿蔔嬰、紅豆粉及乾薑粉椰菜再煮約5分鐘後，再將鵪鶉蛋加入。

4 將2之寒天棒切碎後放入3之鍋內煮到溶化，倒入模型內於常溫下放置30分鐘，或是在餘熱散去後放入冰箱凝固。

5 等到1之上層與4之下層確實凝固後從模型中取出，疊在盤子上。

6 將蔓越莓汁倒入鍋中煮沸，加入本葛粉與1大匙水（分量外）熬煮約1～2分鐘後，淋在整個蛋糕上，再用藍莓、小蕃茄及蘿蔔嬰裝飾蛋糕表面。

腎臟保健 & 膀胱保健

利用涼性且利尿作用強的食材來強化腎臟的排泄機能，另外莓果類值得期待的抗氧化作用能減少膀胱的細菌！

Kidney &
Bladder

心臟保健

能有效保健心臟的雞心或牛心都是容易取得的新鮮食材，趕緊在狗狗的生日試試看吧！

Heart

材料
(分量為6個5公分的方塊)

- ★水 … 600 毫升
- ●雞里肌肉 … 50 公克（約 1 條）
- ●雞心 … 20 公克
- ●雞胸肉絞肉 … 35 公克
- ●南瓜 … 100 公克（約 1/10 個）
- ●芹菜 … 20 公克（約 4 公分）
- ●黃椒 … 20 公克（約 1/8 個）
- ●四季豆 … 6 公克（約 2 根）
- ●黃蕃茄 … 2 顆
- ●紅蘿蔔 … 約 1 公分
- ●檸檬 … 薄片 1 片
- ●寒天棒 … 約 25 公分
- ●奇亞籽 … 3 公克
- ●肉桂 … 少許
- ●薄荷 … 適量

作法

1 將雞絞肉做成 1.5 ～ 2 公分大的丸子。南瓜、芹菜、黃椒、四季豆、黃蕃茄切碎，檸檬切薄片後切成半圓形。奇亞籽加水蓋過浸泡。寒天棒浸泡在水中。紅蘿蔔切片，厚度約 5 公釐。

2 鍋裡倒入清水 600 毫升煮沸，加入雞里肌肉、雞心、1 之雞肉丸、南瓜、芹菜、黃椒、四季豆、黃蕃茄及紅蘿蔔，大約煮 5 分鐘。

3 將 2 之紅蘿蔔從鍋中取出，2 之雞里肌肉剝碎。

4 在蛋糕模型中依喜好各自放入 1 之檸檬、2 之雞肉丸（裝飾用除外）、雞里肌肉。在 3 之鍋中放入切碎之寒天棒並煮到溶化，倒入模型內常溫下放置 30 分鐘，或是在餘熱散去後放入冰箱凝固。

5 將 4 從模型中取出，再將 3 之紅蘿蔔雕出愛犬年齡的數字，最後用薄荷、雞肉丸裝飾。

★水…500 毫升
● 鯛魚頭…1尾分
● 牡蠣…2 顆
● 干貝（生食）…3 顆
● 球芽甘藍…2 個
● 青花菜…20 公克（約1朵）
● 小蕃茄…3 顆
● 紅蘿蔔…約 1 公分
● 白蘿蔔…10 公克
● 檸檬…薄片 1 片
● 蘑菇…4 朵
● 枸杞果…6～7 顆
● 寒天棒…約 20 公分

作法

1 將鯛魚頭洗淨去鱗。球芽甘藍1個、青花菜、小蕃茄、蘑菇 3 朵切碎。寒天棒浸泡在水中。白蘿蔔切成細絲後泡在水裡。紅蘿蔔切片，厚度約 5 公釐。

2 鍋裡倒入清水 500 毫升煮沸，加入鯛魚頭煮約 5 分鐘後取出。接著放入 1 之球芽甘藍、青花菜、小蕃茄、蘑菇、紅蘿蔔、牡蠣，以及裝飾用的球芽甘藍1個、蘑菇1朵以及枸杞果，水煮約 3 分鐘。接著將裝飾用的牡蠣1顆、球芽甘藍1個、蘑菇1朵、枸杞果及紅蘿蔔取出。

3 在 2 之鍋中放入切碎之寒天棒並煮到溶化，倒入模型內常溫下放置 30 分鐘，或是在餘熱散去後放入冰箱凝固。

4 將 3 從模型中取出。將 2 之紅蘿蔔雕出愛犬年齡的數字，最後用 2 所取出的牡蠣、球芽甘藍、蘑菇、枸杞果、1 之白蘿蔔及干貝全部放在蛋糕上裝飾。

提 升 免 疫 力

利用豐富的鋅及鐵提升免疫力，富含牛磺酸的干貝讓效果更上一層。

Immunity

- ★水 … 400 毫升
- ●羊肉 … 120 公克
- ●蕪菁 … 100 公克（約1顆）
- ●花椰菜 … 30 公克（約1朵）
- ●青花菜 … 20 公克（約1朵）
- ●彩椒 … 20 公克（約1/8 個）
- ●秋葵 … 20 公克（約2根）
- ●紅蘿蔔 … 約1公分
- ●藍莓 … 約 7～8 顆
- ●草莓 … 約 4 個
- ●陸羊栖菜 … 適量
- ●寒天棒 … 約 20 公分
- ●優格 … 100 公克
- ●乾薑粉 … 耳勺 2 匙
- ●食用花 … 適量

作法

1 優格放置一晚上瀝掉水分（請參考 P.113）。將蛋糕基底用之蕪菁、花椰菜、青花菜、彩椒、秋葵 1 根切碎。寒天棒浸泡在水中。紅蘿蔔切片，厚度約 5 公釐。

2 鍋裡倒入清水 400 毫升煮沸，加入羊肉煮約 3 分鐘後取出。接著放入 1 之蕪菁、花椰菜、青花菜、彩椒、秋葵以及裝飾用的紅蘿蔔，燉煮約 5 分鐘。另加裝飾用的秋葵快速水煮過盡快取出。紅蘿蔔也取出。

3 在 2 之鍋中重新放入先前煮好之羊肉，並將 1 之寒天棒切碎後放入煮到溶化，然後倒入模型內常溫下放置 30 分鐘，或是在餘熱散去後放入冰箱凝固。

4 將 3 從模型中取出。蛋糕表面塗上 1 之優格，並將 2 之紅蘿蔔雕出愛犬年齡的數字。最後將切成適當大小之秋葵、藍莓、草莓、陸羊栖菜及食用花全部裝飾在蛋糕上。

冬天溫暖身體 & 淨化血液

只要在冬天能夠確實地保養好「腎臟」，來年似乎就不容易得腎病。利用溫暖的食材進行腎臟保健，讓一整年都健康！

Winter

秋天呵護身體

一到秋天，狗狗從夏季的炎熱與溼氣解放後，身體
很容易出現問題。由於是氣候開始乾燥的季節，
所以這個時候就來給狗狗一個特別保養肺部及支氣
管、同時提升保水力準備迎接冬天的蛋糕吧！

Autumn

（分量為直徑15公分×高7公分的5號圓形模型一個）

- ★水 … 300 毫升
- ●豆乳 … 200 毫升
- ●雞胸肉 … 120 公克
- ●鵪鶉蛋 … 3 顆
- ●馬鈴薯 … 70 公克（約 1/2 顆）
- ● Colinky 南瓜 … 25 公克（約 1/10 個）
- ●蓮藕 … 20 公克（約 1公分）
- ●青花菜 … 20 公克（約 1 朵）
- ●花椰菜 … 20 公克（約 1 朵）
- ●四季豆 … 15 公克（約 5 根）
- ●玉米筍 … 1 根
- ●毛豆 … 12 公克（約 12 顆）
- ●紅蘿蔔 … 約 1 公分
- ●寒天棒 … 約 20 公分
- ●優格 … 100 公克
- ●漢麻 … 約 1 大匙

※ 蓮藕中因為含有豐富的單寧酸，若是有在服用貧血治療藥物的狗狗請避免食用。

作法

1　優格放置一晚上瀝掉水分（請參考P.113）。將雞肉切成適當大小，鵪鶉蛋水煮後剝殼。蛋糕基底用之 Colinky 南瓜及四季豆 3 根切碎。油菜花水煮後切碎。寒天棒浸泡在水中。紅蘿蔔切片，厚度約 5 公釐。

2　鍋裡倒入清水 300 毫升煮沸，加入 **1** 之雞肉煮約 3 分鐘，撈出浮沫。接著放入 **1** 之切碎的 Colinky 南瓜及四季豆、裝飾用的紅蘿蔔及 Colinky 南瓜、還有青花菜、花椰菜、玉米筍、毛豆，再煮約 3 分鐘。而裝飾用的四季豆 2 根則是快速水煮一下後取出泡在水裡。最後將除了雞肉及切碎的 Colinky 南瓜以外的其他食材也全部取出。

3　在 **2** 之鍋中加入磨成泥狀的馬鈴薯及蓮藕，並加入豆乳，以小火再煮約 3 分鐘，然後將雞肉取出剝碎。

4　將 **1** 之寒天棒切碎後放入 **3** 之鍋內煮到溶化，在圓形模型中放入鵪鶉蛋及 **3** 之雞肉，接著將鍋裡的內容物倒入模型裡，常溫下放置 30 分鐘，或是在餘熱散去後放入冰箱凝固。

5　將 **4** 從模型中取出，蛋糕表面塗上 **1** 之優格，外側均勻灑上漢麻。並將 **2** 之 Colinky 南瓜雕出愛犬年齡的數字，紅蘿蔔雕成骨頭形狀，再將青花菜、花椰菜、玉米筍、毛豆及 **2** 之四季豆全部裝飾在蛋糕上。

POINT

雞胸肉可改善乾燥情形

滿滿的雞胸肉富含維生素 A，能保護皮膚及黏膜並有助於維持溼潤度。

（分量為直徑 13.5 公分 × 高 7 公分的咕咕洛夫蛋糕模型一個）

★ 水 … 350 毫升
● 蜆 … 10 ～ 12 顆
● 鹿肉（生食用）… 80 公克
● 油菜花 … 60 公克（約 2 束）
● 甜菜 … 40 公克（約 1/5 顆）
● 芹菜 … 20 公克（約 4 公分）
● 花椰菜 … 15 公克（約 1/2 朵）
● 小蕃茄 … 2 顆
● 紅蘿蔔 … 約 1 公分
● 藍莓 … 10 ～ 12 顆
● 寒天棒 … 約 20 公分
● 蘋果醋 … 1 小匙
● 薄荷 … 適量
☆ 水飛薊 … 2 滴

作法

1. 將鹿肉自然解凍。油菜花水煮後切碎。甜菜、芹菜、花椰菜、小蕃茄切碎。紅蘿蔔切片，厚度為 5 公釐。

2. 鍋裡倒入水 350 毫升及蜆開火煮沸，取出蜆殼。加入 1 之油菜花、甜菜、芹菜、花椰菜、小蕃茄及紅蘿蔔，再煮約 5 分鐘。

3. 將 2 之紅蘿蔔取出雕成愛犬的年齡數字後，放在咕咕洛夫蛋糕模型的最底部，上面放上鹿肉。

4. 將 1 之寒天棒切碎後放入 2 之鍋內煮到溶化，倒入 3 之模型內於常溫下放置 30 分鐘，或是在餘熱散去後放入冰箱凝固。

5. 將 4 從模型中取出，放上藍莓及薄荷做為裝飾。

※ 由於含鉀量較多，若狗狗因為腎衰竭等原因必須限制鉀的攝取量時，要再多餵一些水且只能給少量的蛋糕，或是控制食用量。

※ 有些狗狗對於蕃茄籽可能會有拉肚子的反應，若是比較敏感的狗狗請將蕃茄籽拿掉再餵食。

Spring

春天排出毒素

油菜花等帶有苦味的春季蔬菜，
最適合用來製作春天的養生蛋糕！

材料

（分量為直徑16公分×高7.5公分的長方形模型一個）

- ★水 … 400 毫升
- ●西太公魚 … 10 隻
- ●海鰻 … 1 片
- ●紅椒 … 80 公克（約 1/2 個）
- ●西瓜 … 40 公克（約 3 公分塊狀）
- ●豆苗 … 適量
- ●寒天粉 … 1公克
- ●蘆筍 … 30 公克（約細的 10 根）
- ●玉米筍 … 4～5 根
- ●紅蘿蔔 … 約 1 公分
- ●昆布片 … 約 5 公分
- ●寒天棒 … 約 15 公分
- ●乾薑粉 … 耳勺 2 匙
- ●梅干 … 約小指甲大小

作法

1 昆布浸泡在水裡（可以的話放置一晚）。紅椒與西瓜將種籽去掉，切成適當大小。西太公魚用水快速洗過。寒天棒浸泡在水裡，紅蘿蔔切片，厚度為 5 公釐。

2 鍋裡放水 400 毫升及 1 之昆布，以小火慢慢熬煮約 10 分鐘。

3 首先製作蛋糕上層。在鍋裡加入 2 之昆布水 350 毫升煮沸，加入 1 之西太公魚、紅蘿蔔、蘆筍、玉米筍後煮約 3～5 分鐘。將所有材料從鍋中取出，玉米筍縱切成一半。

4 在 3 之鍋內加入乾薑粉及 1 之寒天棒切碎後放入，煮到溶化。將 3 之西太公魚平鋪排列在模型裡，上面平鋪一層蘆筍，玉米筍也排好。將 4 倒入模型內於常溫下放置 30 分鐘，或是在餘熱散去後放入冰箱凝固。

5 接著製作蛋糕下層。在鍋裡倒入昆布水 50 毫升，加入 1 之紅椒，煮熟後關火，再加入 1 之西瓜及梅干，放入食物調理機打成糊狀。再倒回鍋內，加入寒天粉後煮沸，倒在已凝固的 4 之模型上面，常溫下放置 30 分鐘凝固。

6 將 5 從模型中取出，將 3 之紅蘿蔔雕成愛犬年齡之數字，再用海鰻、豆苗裝飾蛋糕表面。

夏天幫助散熱

高齡犬的夏天，需要使用能促進血液循環的食材，以及能夠改善因為體寒而腸胃不適的食材！

Summer

感謝狗狗到現在還能夠慢慢地陪著自己一起散步

在外頭玩耍、在戶外生活、呼吸外頭的空氣、全身沾滿了泥土或草屑、在山野間四處奔跑……對動物來說，這些都是再自然不過的日常生活。可是，對生活在室內的狗狗來說，如果我們沒有為牠們安排這樣的時間，狗狗根本就不可能獨自隨性地外出散步。而狗狗一旦邁入高齡期之後，更是無法隨心所欲地走路或玩耍，最後還很容易變成整天都窩在家裡。

我家的 Nadja，在邁入了 17 歲之後，走路變得更慢了，如果不用牽繩拉著，甚至還無法直線行走。因為看起來就像是硬拉著牠在走路一樣，所以有時還會被別人說「牠好像很不願意的樣子，這樣太可憐了吧」。Nadja 是怎麼想的呢？說不定覺得散步好累、一點都不開心吧？

儘管如此，只要是沒下雨的天氣裡，我早上總是會帶著牠散步一個小時。普通走路只要 20 分鐘的距離，我們走得非常非常地慢。而 Nadja 也不排斥，不會站著不肯走，總是默默勇敢地走著。在我的生活中，與 Nadja 一起散步是排在優先順序的前三名的。不論

再怎麼忙碌，或是快要來不及開店，我一定會帶著牠去散步。其實我是很想帶著牠走到公園或海邊的，但可惜的是一直無法成功抵達。

過去的我曾經把工作當作第一優先，所以會有讓狗狗或我的孩子們多忍耐一點的時刻。但在照顧過好幾隻狗狗之後，我卻對每隻狗狗都留下了很多遺憾。對現在的 Nadja 來說，吃飯、充實的睡眠、還有散步，都是牠生活中不可或缺的部分。散步這件事，能讓狗狗曬到太陽、減緩肌肉衰退、強化心臟功能、呼吸到新鮮的空氣，還有最重要的是讓我能夠窺探到 Nadja 當下的身體狀況。這些事情對於維持狗狗的健康是非常重要的。

雖然現在已經看不到 Nadja 玩球或是和其他狗狗玩耍這種愉悅的美麗景象，但趁著 Nadja 還能走路的時候，我依然會和牠一起平平淡淡地一直散步下去。

謝謝牠到現在還能夠和我一起散步。

飯飯弄成這樣
我就可以吃囉！

CHAPTER.6

狗狗在需要
長期照護後的
飲食與護理

超高齡犬或是走向生命終點的狗
狗，有可能會無法自行進食、食
慾變差、或是食慾時好時壞。這
裡就來總結一下面對這種時刻，
我們該如何為牠們準備食物以及
如何進行護理。

對於照護期間的飲食 飼主要能夠靈活變通

有時候就是會不想吃飯。

當狗狗開始食慾時好時壞、幾乎整天都躺著，應該有很多飼主也抱著「總之先讓狗狗願意吃飯」的心情，每天拼了命地想要找出狗狗願意吃的東西；結果狗狗今天願意吃了、明天又完全不吃……真是喜憂參半的生活！

邁入這種階段後，比起哪些食物有益健康，更優先的還是找出愛犬願意開心吃下的食物（當然不能給狗狗吃的東西還是不能給）。不論是對身體再好的食物，狗狗只要不願意吃飯，高齡時期的牠們身體很快就會變得衰弱，有時可能還會危及性命。因此身為飼主，也要懂得自己什麼時候應該休息，並且要找出最剛好的照護方式。

愛犬需長照期間的一天

右圖是筆者的愛犬 Nadja 在秋季某一天的生活模式。Nadja 幾乎看不見也聽不見，也沒有辦法直線行走，吃飯及喝水都需要有人輔助。即使是這樣的狀態，牠也還是能完成每天的生活作息，晚上也能好好睡覺，並不會一直哀鳴。

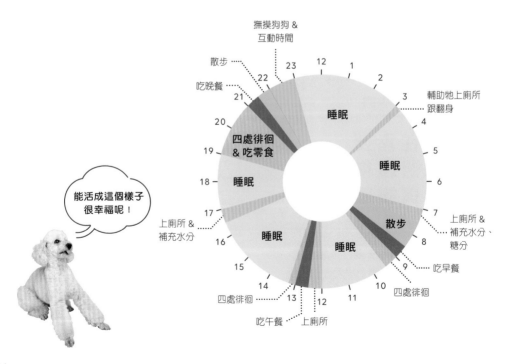

能活成這個樣子很幸福呢！

什麼時候餵飯？

長照狀態的狗狗，會愈來愈難規律地餵食。儘管如此，在旭日東昇之後，狗狗終究還是會起床，此時可以一邊確認狗狗有沒有貧血等狀態，一邊試著餵看看。如果狗狗不吃的話，就在中午前多試幾次。不論是白天還是夜晚都一樣，透過吃飯的時間讓狗狗感受到一天的時間流動也是非常重要的一環。

餵食的量要多少？

狗狗在身體逐漸衰弱後，就會變得不知道牠們會在什麼時候願意吃下多少食物了。這時候的餵食量就不是看狗狗體重多重要餵多少公克了，而是要在狗狗還願意吃飯的時候盡量餵食，直到牠們轉過頭去表達自己已經不想吃了為止。而就算這個時候牠們願意吃，到了晚上也有可能就不願意吃了。所以要在狗狗願意吃飯的時候讓牠們能盡量多攝取一些能量。

要餵哪些食物？

 餵水

一旦狗狗無法自行走去喝水，就只能靠飼主餵水狗狗才攝取得到水分了。餵水的次數與時間無關，而是要頻繁地勤於餵水。若狗狗無法自行將水舔起來，也可以利用針筒等工具從狗狗的臼齒後伸進去餵水。

2 膳食纖維與發酵食品

狗狗如果一直躺著不動很容易就會發生便祕。此時應多餵狗狗一些膳食纖維以及發酵食品，讓狗狗能攝取到有活力的腸內細菌，促進排便順暢。

3 高熱量的食物

狗狗食慾減退後食量也會一口氣下降許多，此時比起營養均衡首要的是讓狗狗願意吃下食物，因此這時候就應該要準備一些少量就能給狗狗帶來活力的高熱量食材。

COLUMN

檢查狗狗有沒有脫水現象？

狗狗一旦無法自行喝水後，就算飼主打算多餵狗狗喝一些水，狗狗也不會出現飲水過量的情況，反而是變得很容易有稍微脫水的現象。那要怎麼判斷狗狗是否脫水呢？可以用手將狗狗脖子一帶的皮膚拉起來進行簡單的確認。另外，牙齦乾燥也是脫水的徵兆之一。

用手將狗狗兩耳之間稍微往下、脖子背部中央的皮膚抓起並維持一段時間。

如照片所示，如果抓住脖子的手離開之後皮膚依然無法恢復原狀的話，就表示狗狗有點脫水了。

防止狗狗嗆到的訣竅

我還可以自己吃飯唷！

在人類的長照工作中，飲食上最需要特別注意的也是吞嚥的過程。噎到、嗆到有可能會引起吸入性肺炎或造成窒息，是非常危險的情況。尤其是一直躺臥不起的高齡犬，更會因為肌肉衰退等原因讓噎到的風險變得更高。另外，因為高齡犬身體的保水力下降及水分量減少的緣故，口腔中及胃部都會呈現有些乾燥的狀態，食物進去後也會有黏住的危險。

原本狗狗就是一種「用胃在吃飯」的動物，不太會去仔細咀嚼食物而是喜歡把食物囫圇吞棗地吞下去，因此飼主必須特別注意食物的形狀和狗狗進食時的姿勢，以免有噎到的情形發生。

 1　溼潤口腔 ▶▶

為了增加食慾和防止噎到，建議可在狗狗吃飯前先刺激牠們的嗅覺及讓牠們的舌頭活動，讓口腔變得更溼潤。

刺激嗅覺

沾一點蜂蜜在狗狗的鼻頭上，或是拿薄荷葉靠近鼻子讓牠嗅聞，狗狗就會分泌唾液溼潤口腔。

讓舌頭活動

拿蜂蜜或一點點梅干放在狗狗的舌頭上，狗狗開始活動舌頭的時候就能夠溼潤乾燥的口腔了。

2　將食物處理成容易進食的狀態 ▶▶

大家通常會以為長照期狗狗的食物應該要煮得很柔軟很稀薄，但其實光是水分流進喉嚨裡就有可能嗆到。

狗狗還能夠自行進食和咀嚼的時候

要將食材切細煮軟，並加入具有黏稠性的蔬菜或進行勾芡，讓水分和食材呈現彼此黏著的狀態。

狗狗無法自行將食物順利地舔進嘴裡的時候

使用壓力鍋將食物燉煮軟爛然後打成糊狀，肉類則使用絞肉或是把肉切成又薄又軟。

＋

狗狗無法順利咀嚼的時候

為了避免糊狀的食物嗆到喉嚨，可加入寒天或葛粉將食物確實勾芡成黏稠狀。

哪些是特別容易噎到或嗆到的食物？

會黏住的食物	太乾燥的食物	固體與水分容易分離的食物	很硬的塊狀食物	太湯湯水水的食物
地瓜乾或是薄片的海藻，很容易黏在乾燥的口腔內或是食道上，造成氣管發炎或是窒息的危險。	很硬的水煮蛋或小餅乾等不黏稠會分解成鬆散狀態的食物，有容易嗆到或跑進氣管的危險。	西瓜或油炸豆腐等咬一咬會流出很多水分的食物，那些水分可能會讓狗狗嗆到或流進氣管。	肉塊、骨頭或是堅硬的肉乾等食物狗狗如果沒有咬就整個吞下去的話，可能會有塞住、窒息的危險。	清水或是太水的湯也有可能嗆到喉嚨、流進支氣管造成肺炎的危險。

③ 幫狗狗調整成能夠舒服吃飯的姿勢

為了防止嗆到食物，要將狗狗的頭部抬高，但不能讓下顎向上。要特別小心避免讓食物流進氣管。

狗狗能夠自行站著吃飯的時候

為狗狗準備一個碗架，讓狗狗可以維持在不用低頭的高度吃飯。這種姿勢可以讓狗狗更容易吞嚥食物，也可以減少對前腳及脖子的負擔。

狗狗無法自行維持坐姿或趴下姿勢的時候

用緩衝墊夾住狗狗身體的兩側讓狗狗維持身體趴著的狀態，且脊椎與脖子要呈直線狀。餵狗狗吃飯時記得不要讓狗狗的臉部垂下來。

狗狗能夠自行坐著或趴著的時候

將狗碗拿在狗狗不用低頭的高度，並配合狗狗移動狗碗讓牠能夠方便進食，狗狗就可以用輕鬆的姿勢吃飯了。

狗狗躺臥不起的時候

撐起狗狗的頭部但不要讓牠的下顎向上抬，利用沙拉醬的容器或針筒，以緩慢的速度分成好幾次餵食。

特殊情況下能夠派上用場的食物！

人類的食物看起來好好吃唷！

飼主想要喘口氣時也能輕鬆為狗狗補充營養的食物！

馬肉等調理包

> 蛋白質

肉類的香氣濃郁，一拿出來就可以立刻餵食。最好選擇保持原料原來的樣子、沒有添加防腐劑等添加物的產品。

冷凍鮮食餐盒

> 蛋白質、膳食纖維

可以長期冷凍保存，想要給狗狗吃的時候只要解凍就能餵食。因為質地柔軟，餵起來很方便也是優點之一。

烤雞

> 蛋白質

碳烤雞腿肉或碳烤雞肝之類的烤肉香氣特別濃郁，能刺激狗狗的食慾。可以的話點餐時記得叫店家去鹽。餵狗狗吃的時候記得要將竹籤拿掉。

涮五花肉

> 蛋白質、脂肪

將切成薄片的五花肉用熱湯涮過即可。雖然脂肪多且熱量高，但因為含磷量低，即使是有腎臟問題的狗狗也可以食用。

熟食賣場的茶碗蒸

> 蛋白質

用雞蛋製作的茶碗蒸是高蛋白質的食物，能夠補充營養，高湯的香味也能刺激狗狗的食慾。建議稍微加熱後再給狗狗吃。

嬰兒離乳食品中的稀飯或蔬菜泥

> 水分、糖分、膳食纖維

大部分的嬰兒食品都有限制鹽分而且是用優質高湯製作，也很少有加添加物。只需要特別注意成分裡是否有加洋蔥就好。

人類用的稀飯米餬

> 水分、糖分、膳食纖維

人類用的養生食品，完全製作成濃湯狀。有益消化、碳水化合物可做為能量來源。也可以和煎烤過的肉或魚混合在一起。

甘酒

> 水分、整腸、提高體溫

又被稱為「喝的點滴」的甘酒，原料中沒有添加糖分，可以選擇只用米麴製作或是只用米和米麴製作的產品。

玉米濃湯

> 水分、糖分

帶有甜味可以刺激狗狗的食慾。可以加入寒天，或是和肉及蔬菜一起燉煮成一餐。

在狗狗的長照過程中，飼主並不需要過於執著親手幫狗狗製作鮮食，只要事先找出愛犬喜歡又能補充營養的食物，那麼在飼主感到疲累想要稍微喘口氣時會很方便。此外，在狗狗愈來愈不愛吃東西，最後進入「只要牠願意吃那就夠了」的時期後，人類的食物或是量少卻熱量高的食物在此時就能派上用場（但如果狗狗還願意吃飯的話並不建議這樣做）。

狗狗什麼都不願意吃的時候的續命食物

蛋　除了優質蛋白質、維生素及礦物質之外，還含有均衡的必須營養成分，是一種「全營養食物」。

紅豆　含有優質蛋白質、豐富的維生素類、鉀、磷、鐵、膳食纖維等多種類的營養，在過去還曾被當作藥物使用。

長崎蛋糕

可選擇使用了大量雞蛋製作的蛋糕，砂糖部分如果用量不多的話也沒關係。在便利商店就能買到。

卡士達布丁

以雞蛋為主要原料的卡士達布丁在便利商店也買得到，是大部分狗狗都愛吃的食物。

水羊羹

可以一口吸入的質感，即使是不太能咀嚼食物的狗狗也可以用針筒簡單餵食。

紅豆湯

因為是湯汁狀的食物，狗狗可以一起攝取到水分。紅豆的香味可以誘發狗狗的食慾。

蛋糕捲
奶油部分還有豐富的乳脂肪，狗狗可同時吃到雞蛋與脂肪。超市或便利商店都買得到。

大豆　含有豐富的蛋白質、脂質、醣類、維生素、礦物質等多種營養素，而且消化吸收率也很好。

黃豆粉棒、黃豆粉捲

是懷舊零食中的標準配備，主要原料為由大豆磨成粉狀的黃豆粉及麥芽糖。不會太硬也不會太軟的口感十分受到大家歡迎。

維生素C　攝取抗氧化作用極佳的維生素C可以防止身體內的氧化反應。若狗狗願意直接吃水果本身的話則還是以水果為優先。

水果果凍
一般的水果果凍或嬰兒吃的可吸果凍都可以。吉利丁中的蛋白質也很容易消化吸收。

葛餅
對腸胃溫和、能夠溫暖身體、具有整腸作用又能補充能量，灑滿黃豆粉一起餵食效果更佳。

照護期間更應該
特別注意的口腔護理

我好喜歡
刷牙唷！

狗狗一旦邁入高齡期後，口腔中會變得很容易堆積汙垢，因此需要特別為牠們進行口腔護理。否則一旦口腔裡藏汙納垢的話，不只會增加牙周病的風險，細菌有時還可能從牙周病的牙齦處進入血液及淋巴液，循環到全身各處，成為引發心臟病、肝病、腎臟病、糖尿病等疾病的誘因。此外，殘留在口腔的的食物殘渣不只會成為

細菌的溫床，有時還有造成狗狗嗆到而引發吸入性肺炎的危險。

儘管如此，如果等到狗狗老了之後才突然想要開始幫牠刷牙，會因為狗狗在這種年紀個性比較頑固而變得需要花上很多時間才能讓牠習慣。因此可以的話，請飼主務必趁著狗狗還年輕時經常碰觸狗狗的口腔，讓牠們習慣刷牙等口腔護理工作。

清洗嘴巴周圍的方式

狗狗如果是以多湯汁的餐食為主食的話，吃完飯後嘴巴周圍會特別容易因為沾到食物殘渣或湯汁而變成溼溼黏黏的。這時候可以用大碗裝一些水來幫牠清洗，裡面如果再放入具有抗菌作用與鎮靜作用的薄荷葉，飼主及狗狗在身心上都能夠得到放鬆感。

準備的道具

薄荷葉
及裝水的大碗

準備一個裝滿水的大碗，有的話可再加入一些薄荷葉浮在水面上，可達到抗菌及放鬆身心的效果。

用手將水撈起，沿著狗狗的嘴巴周圍將食物殘渣等髒汙清洗乾淨。

幫狗狗刷牙的方法

一開始先用溼紙巾等物捲在手指上，從狗狗的臼齒開始往前輕柔地擦拭外側及內側，以及舌頭的上、下兩側。之後再用老年人長照用牙刷沾溼後輕柔地幫狗狗刷牙，如果不喜歡化學合成的牙膏，可使用麥盧卡蜂蜜與蘋果醋代替。

麥盧卡蜂蜜

具有消炎、殺菌的效果，而且因為帶有甜味，是狗狗會喜歡的牙膏。

蘋果醋

據說有殺菌作用、防止牙結石及牙齦發炎的效果。

老年人長照用牙刷

老年人長照專用的柔軟牙刷，便宜且質感柔軟因此推薦使用。

> 也可以使用紗布或牙刷。

將牙刷泡過水後，再沾上麥盧卡蜂蜜和滴上一滴蘋果醋。

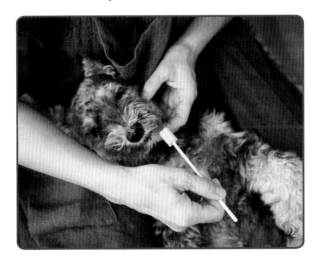

將牙刷伸入愛犬的口腔內溫柔地刷牙，中間可用水洗一下牙刷後再沾上蜂蜜和蘋果醋繼續刷牙。

--- COLUMN ---

事先備好嬰兒用的鼻水吸引器

在食物殘渣跑進氣管、或是有噎到或窒息的危險時，如果手邊有鼻水吸引器的話會很方便。萬一真的發生這種情況時，飼主可拍打狗狗前腳與脊椎交叉處一帶讓狗狗將噎到的食物吐出、用手指挖出來、或是用吸引器將食物吸出來，並趕緊就醫。

狗狗漏尿時的
飲食與護理

可以的話我還是想要自己去上廁所呢！

一旦狗狗無法自行站起來，就免不了有尿床的情形發生，飼主早上起床會發現愛犬的床和身上都溼答答的。漏尿的原因很多，以高齡犬來說，一般是因為儲存尿液的膀胱肌肉、以及像水龍頭一樣掌管尿液出口的尿道括約肌肌力衰退的緣故。

雖然已經衰退的肌肉要恢復正常十分困難，但狗狗若仍想要自己去上廁所的話，建議飼主還是盡量不要讓漏尿的情形發生，而是可以幫助牠們去上廁所。而飲食上能做到的雖然可能只是心理上的安慰，或許可以試試看在平時的餐食裡加入植物性雌激素（Phytoestrogen）。

（不建議使用在年輕狗狗、預定要懷孕的狗狗以及患有子宮癌或卵巢癌的狗狗。）

需長期照護愛犬的睡窩

這裡介紹一下筆者愛犬 Nadja 的睡窩。而因為床墊的高度容易讓狗狗絆倒，所以我是把好幾層布製品疊起來使用。另外狗狗的腰部如果勒住的話會妨礙血液循環，所以 Nadja 睡覺的時候我會將尿布脫掉。若是牠尿床的話就把尿布墊換掉，蜂巢式可水洗睡墊則拿去洗。

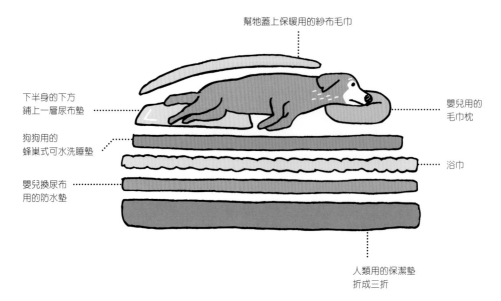

幫牠蓋上保暖用的紗布毛巾

下半身的下方
鋪上一層尿布墊

狗狗用的
蜂巢式可水洗睡墊

嬰兒換尿布
用的防水墊

嬰兒用的
毛巾枕

浴巾

人類用的保潔墊
折成三折

或許可以防止漏尿的食材

恢復尿道括約肌的機能

植物性雌激素

是雌性賀爾蒙的一種。由於雌激素不足的時候可能會引起尿道括約肌的功能障礙，因此可試著讓狗狗攝取植物性的雌激素，能夠在體內轉換為雌性賀爾蒙。

含有異黃酮類的大豆製品

大豆製品所含的大豆異黃酮作用與雌激素類似，強化膀胱肌肉的作用值得期待。

食材範例 豆渣

每天最多 **小** 1小匙、**中** 2小匙、**大** 1大匙

含有異黃酮類的植物

紫花苜蓿同樣含有異黃酮類的雌激素，可用來防止漏尿，且含鉀量及含磷量也偏低。

食材範例 紫花苜蓿

每天 **小** 2～3公克、**中** 4～6公克、**大** 8～10公克

含有木酚素 (lignan) 類的種子

南瓜籽中含有豐富的木酚素，也屬於雌激素的一種。在德國被用來做為治療排尿障礙的藥物。

食材範例 南瓜籽粉末

每天最多 **小** 1/2小匙、**中** 1小匙、**大** 2小匙

讓身體從鹼性回到酸性

甲硫胺酸

一般認為發生漏尿的時候，身體的酸鹼值會偏向鹼性。因此可攝取含有甲硫胺酸的酸性食材，讓身體從鹼性回到酸性。甲硫胺酸是身體無法製造出來的必須胺基酸之一。

肉類

食材範例 雞肉、牛肉

魚類

食材範例 所有魚類

大豆

食材範例

豆腐、豆渣等

蔬菜類

食材範例

菠菜、豌豆、玉米、四季豆等

可以加在平常的飲食中喔！

※ **小**＝小型犬、**中**＝中型犬、**大**＝大型犬

為狗狗製作提高抗氧化能力的果昔

一次就能攝取到各種營養唷！

為了防止老化，來幫狗狗製作一杯充滿了植物化學物質、具有高抗氧化能力的果昔吧。打成糊狀的果昔對腸胃很溫和，而且還能幫助消化與吸收。因為裡面含有生鮮蔬菜的酵素，所以也能改善腸道內環境和消除便祕。此外，也可以加入少許的動物性蛋白質來補充能量。

餵食果昔的時間點，可以在兩餐之間分成數次，可兼顧補充水分及做為零食。若狗狗無法順利將糊狀的果昔舔起來喝的話，則可以加入增加黏稠度的食材、加入寒天做成固體狀、或是直接用針筒餵食，配合狗狗的健康情形與身體狀態而定。也要避免直接給狗狗喝冷冰冰的果昔，至少要回溫到人體肌膚的溫度後再餵。

果昔的製作方法及餵食方法

果昔的製作方法非常簡單。基本上只要把食材放入容器裡,用攪拌器攪勻就好。若狗狗可以自行飲用的話直接放在牠的狗碗中,若需要輔助的話則放必要的容器再餵食。

食材洗好切塊

將食材仔細清洗乾淨(若擔心農藥的話,可加入小蘇打用水泡1～2分鐘)。各自切成適當大小,放入玻璃碗等容器裡。

▶

使用手持攪拌器攪拌成糊狀

用手持攪拌器將放入碗中的食材攪拌成喜歡的綿密程度。也可使用果汁機或食物調理機來製作。

▶

移到沙拉醬擠壓瓶等容器中

若狗狗無法自力將果昔舔起來喝的話,可裝入百元商店賣的沙拉醬擠壓瓶或針筒等容器。

從嘴側伸進去餵食

將愛犬的頭抬起,從嘴巴側邊、臼齒後方的凹處餵食,要特別小心不要讓果昔流進氣管嗆到狗狗。

還可額外添加有益健康的食材

不論是什麼樣的食材都能攪拌在一起也是果昔的魅力之一。下一頁會介紹幾種製作果昔的材料範例,而大家也可以配合愛犬的健康狀況及喜好,額外添加右列的食材。

> 溫暖身體

乾薑粉、肉桂、蘋果醋

> 增加嗜口性

蜂蜜、甘酒、柴魚、黃豆粉

> 讓營養更均衡

含 Omega-3 脂肪酸的油類(亞麻薺油、亞麻仁油、漢麻油、鮭魚油)、漢麻、芝麻

<table>
<tr><td>

利用類胡蘿蔔素
強化抗氧化能力

紅色的類胡蘿蔔素具有強力的抗氧化能力，能預防動脈硬化及癌症。

材料（舉例）

- ★ 溫水 … 50 毫升
- ● ※ 鮪魚 … 50 公克
- ● ※ 小蕃茄 … 100 公克（約 5 顆）
- ● 西瓜 … 90 公克（約 1/50 顆）
- ● ※ 紫高麗菜 … 40 公克（約 1 片）
- ● ※ 甜菜 … 25 公克（約 1/15 顆）
- ● 紅椒 … 25 公克（約 1/6 個）
- ● 小蘿蔔 … 25 公克（約 1 個）
- ● 藍莓 … 25 公克（約 25 顆）
- ● 枸杞果 … 3 顆
- ● 蘋果醋 … 1 茶匙

另外也可以使用黃豆粉、紫色地瓜、蔓越莓、無花果等其他食材。

</td><td>

利用維生素的顏色
提升免疫力

大量的維生素 C 可以提升免疫力，尤其推薦給腎臟保健中的狗狗食用。

材料（舉例）

- ★ 雞湯 … 50 毫升
- ● 生雞蛋的蛋黃 … 1 顆
- ● 鳳梨 … 55 公克（約 1/8 顆）
- ● 紅蘿蔔 … 50 公克（約 5 公分）
- ● 葡萄柚 … 40 公克（約 4 片）
- ● 蘋果 … 30 公克（約 1/6 顆）
- ● 黃椒 … 25 公克（約 1/6 個）
- ● 檸檬 … 15 公克（約 1/6 顆）
- ● 紫花苜蓿 … 10 公克
- ● 乾薑粉 … 耳勺 2 匙

另外也可以使用柳橙、金桔、玉米、南瓜等其他食材。

</td></tr>
</table>

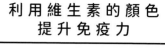

Orange & Yellow

Red & Purple

標注 ※ 的食材因為比較容易吃壞肚子，若是患有甲狀腺疾病等需要特別照顧的狗狗，請先煮熟再放進去攪拌。

利用豐富的葉綠素來解毒

綠色蔬菜中含有豐富的鐵質能預防貧血，還有大量的鈣質能緩解心靈上的疲勞。

材料（舉例）

- ★昆布水 … 50 毫升
- ●奇異果 … 100 公克（約 1 顆）
- ●小黃瓜 … 40 公克（約 1/4 根）
- ●小松菜 … 30 公克（約 2～3 片）
- ●萵苣 … 30 公克（約 1 片）
- ●苦瓜 … 20 公克（約 1/10 顆）
- ●西洋菜 … 10 公克（約 2 根）
- ●黃麻菜 … 10 公克（約 1 根）
- ●酢橘 … 5 公克（約 1/4 顆）
- ●羅勒 … 1～2 片
- ●吻仔魚 … 1 大匙
- ●海帶根 … 1 大匙

> 另外也可以使用西洋香菜、青紫蘇葉、芝麻菜、羽衣甘藍、菠菜、青花菜、蕪菁葉、四季豆等其他食材。

含有豐富的防癌成分、效果令人期待

異硫氰酸酯的香氣與苦味成分可以增進食慾、並且有解毒及殺菌作用。

材料（舉例）

- ★甘酒 … 50 毫升
- ●雞里肌肉 … 60 公克（約 1 根）
- ●小蕪菁 … 80 公克（約 1 顆）
- ●香蕉 … 60 公克（約 1/2 根）
- ●山藥 … 40 公克（約 2 公分）
- ●花椰菜 … 30 公克（約 1 朵）
- ●梨子 … 25 公克（約 1/4 顆）
- ●芹菜 … 20 公克（約 4 公分）
- ●青紫蘇葉 … 1 片
- ●漢麻 … 1 小匙

> 另外也可以使用白蘿蔔、白菜、黃豆芽、蓮藕、里芋、牛蒡、薏仁粉等其他食材。

Green

White & Brown

利用全營養食物的雞蛋料理來補充營養

一顆雞蛋就有滿滿的營養唷！

體內無法製造，必須從食物才能攝取到的胺基酸稱之為必須胺基酸。對身體來說理想的必須胺基酸，可以用它有多少比例可以被身體吸收來評量它的品質，這種評分法稱之為胺基酸評分，而愈是接近 100 分，就表示該蛋白質愈優質，例如雞蛋，就是胺基酸評分 100 分的食材。

只要狗狗不會對雞蛋過敏，用雞蛋來補充營養不但容易消化而且又有很好的吸收率，可說是高齡犬的必需品。這裡介紹幾樣可以餵給需長照狗狗的簡單雞蛋料理，請大家務必試試看唷！

▌高湯香氣濃郁的 茶碗蒸

柔軟又方便進食的茶碗蒸，裡面所使用的香菇高湯可以增進狗狗的食慾！

材料

（一碗分）

- ● 雞里肌肉 … 30 公克（約 1/2 條）
- ● 雞蛋 … 1 顆
- ● 香菇 … 1 片
- ● 鴨兒芹 … 少許
- ● 味噌或梅干 … 耳勺 1/2 匙

（若是有在吃乾飼料的狗狗則不需要）

作法

1 將乾香菇泡在 150 毫升的水裡一個小時以上。

2 雞蛋均勻打散，稱重，加入雞蛋 3 倍重量的泡香菇水，攪拌均勻。

3 將雞里肌肉及取出的乾香菇切碎。

4 將 **3** 之雞里肌肉、乾香菇、味噌或梅干放入茶碗內，再將 **2** 之蛋汁以濾網過濾倒進茶碗（也可以直接倒入）。

5 茶碗蓋上保鮮膜以 600W 的微波爐加熱 30 秒後，再用 200W 加熱 6～7 分鐘（或者是放入已預熱的蒸鍋裡，大火蒸 3 分鐘後再用小火蒸 10 分鐘）。最後放上鴨兒芹即完成。

礦物質豐富的
黑糖布丁

用了大量雞蛋的 Q 彈布丁，
其中黑糖製成的焦糖還可補充礦物質。

材料

（2個布丁模型的分量）

- 黑糖 … 30 公克
- 雞蛋 … 2 顆
- 豆乳
  … 250 毫升（也可以使用羊奶）
- 乾薑粉
  … 耳勺 1 匙（也可以不加）

作法

1 首先製作焦糖。在鍋裡放入黑糖與水 20 公克，以中火熬煮到呈現淡咖啡色後轉成小火，直到煮成焦糖色後關火。接著慢慢加入熱水 15 公克攪勻，最後倒入布丁模型中。

2 接下來製作布丁部分。將蛋打在大碗裡，均勻打散。

3 在小鍋子內加入豆乳（或羊奶）加熱沸騰但注意不要煮焦，接著慢慢倒入 2 之碗中混合

均勻，注意不要起泡。

4 將 3 一邊過濾一邊倒入 1 之布丁模型中（也可以不用過濾直接倒入），用鋁箔紙蓋住。

5 在蒸鍋內鋪上布巾，將 4 之布丁模型放入蒸鍋內，以小火蒸 10 ～ 15 分鐘（或是烤箱的烤盤上鋪上布巾，接著放上 4 之布丁模型，在模型外加入模型高度 1/3 的熱水，以 160℃烤 20 ～ 30 分鐘）。

俵森朋子

舉辦狗狗鮮食製作工作坊與提供相關諮詢、販售手作鮮食與食材的「manpucu garden」店長。從武藏野美術短期大學畢業後原本從事室內裝飾紡織品之設計工作，1999年成立了「syuna & bani狗狗用品店」，接著於2012年開設了「pas à pas」寵物用品店。並在2017年於「般納和漢自然醫療動物診所」取得飲食療法講師資格，2020年於「PIYA寵物藥膳國際協會」取得寵物藥膳管理師資格。2021年開設了以狗狗鮮食為主軸的「manpucu garden」。著有《狗狗鮮食教科書》（誠文堂新光社）及其他多本著作。

STAFF

監修	若山正之〈若山動物病院〉〈Chapter 4〉		イラスト	大迫綠
デザイン	南彩乃・伊藤寬〈細山田デザイン事務所〉		DTP	岸博久（メルシング）
撮影	岡崎健志、ふじおかすみこ〈P.122〉		編集	山賀沙耶、野田佳代子
スタイリング	大谷優依〈Chapter 3〉			

寵物館 109

高齡犬飲食指南
7歲からの老犬ごはんの教科書：
シニア期の愛犬の体調や病気に合わせた食材選び、手軽な調理法、与え方の基本がわかる

作者	俵森朋子
譯者	高慧芳
編輯	余順琪
特約編輯	楊荏喻
美術設計	張蘊方
封面設計	張蘊方
創辦人	陳銘民
發行所	晨星出版有限公司
	407 台中市西屯區工業 30 路 1 號 1 樓
	TEL：（04）23595820　FAX：（04）23550581
	行政院新聞局局版台業字第 2500 號
法律顧問	陳思成律師
初版	西元 2022 年 01 月 15 日
二版	西元 2024 年 07 月 15 日
讀者服務專線	TEL：（02）23672044／（04）23595819#212
讀者傳真專線	FAX：（02）23635741／（04）23595493
讀者專用信箱	service@morningstar.com.tw
網路書店	http://www.morningstar.com.tw
郵政劃撥	15060393（知己圖書股份有限公司）
印刷	上好印刷股份有限公司

國家圖書館出版品預行編目資料

高齡犬飲食指南：教你如何依愛犬的身體狀態，學會選擇食材 x 手作料理 x 正確餵食 / 俵森朋子作；高慧芳譯. -- 二版. -- 臺中市：晨星出版有限公司，2024.07
面；　公分. --（寵物館；109）
ISBN 978-626-320-850-6（平裝）

1.CST: 犬 2.CST: 寵物飼養 3.CST: 食譜

437.354　　　　　　　　　　113006160

掃瞄 QRcode，
填寫線上回函！

定價 450 元
（如書籍有缺頁或破損，請寄回更換）
ISBN 978-626-320-850-6

7SAI KARANO ROKEN GOHAN NO KYOKASHO by Tomoko Hyomori
Copyright © 2019 Tomoko Hyomori All rights reserved.
Original Japanese edition published by Seibundo Shinkosha Publishing Co., Ltd.

This Traditional Chinese language edition is published by arrangement with
Seibundo Shinkosha Publishing Co., Ltd., Tokyo in care of Tuttle-Mori Agency, Inc., Tokyo
through Future View Technology Ltd., Taipei.

附錄「高齡犬健康手冊」的使用方法

狗狗進入高齡期後，飼主特別不能錯過牠們每一天的身體變化。
因此這裡特別附上可以檢查愛犬每天的飲食、散步、排泄、身體狀況等健康狀態之
健康手冊。大家可以將檢查表影印使用，也可以將附錄內容做為健康手冊的封面。

> 心情

檢查狗狗當天整體的精神狀態。

> 確認／背部

用手掌從狗狗的頭部開始一直撫摸到尾巴根部，檢查是否有溫度的差異、整體有沒有哪裡特別冰涼。若摸起來體溫不同或是有特別冰涼的地方，表示狗狗有體寒的情形，要從體內和體外來溫暖狗狗。

> 確認／腳掌

狗狗睡醒時用手握住牠們的腳掌檢查溫度。若冰冰涼涼的表示體寒情形頗為嚴重，要從體內和體外來溫暖狗狗。

> 確認／舌頭、牙齦

若比平常還要蒼白或呈現藍紫色，表示狗狗有貧血的情況需要帶去動物醫院就醫。除了與獸醫師諮詢外，同時還要給預防貧血的飲食及營養補充品。

> 散步

將每天的散步情形記錄下來，可以用來回顧狗狗那天是否有不舒服的情況。

> 水分

在每天結束時記錄狗狗一整天大約攝取了多少水量，可及早發現狗狗是否有水分攝取不足的情形，也可以從每星期的喝水總量來進行調整。

> 食慾

利用以下之分級來記錄食慾的等級。另外，若有將餵食的內容記錄下來，還可觀察一整個星期的飲食是否均衡。

- = 食慾旺盛、
　一口氣把飯吃光光
- = 正常地吃完飯
- = 慢吞吞地來吃飯卻沒吃完
- = 完全沒有想吃的樣子

> 排泄／尿尿

● 尿液混濁、排尿次數過多或過少
→ 盡快帶去動物醫院就醫

● 從早到晚排出的尿液味道都很臭，而且排尿次數少
→ 確認狗狗是否有攝取足夠的水分，並確實補充水分

> 排泄／便便

記錄狗狗一天排便的次數與糞便的狀態

● 有便祕情形
→ 增加不可溶性膳食纖維及水分

● 黏膜便、軟便
→ 先禁食一餐，或是餵給水溶性膳食纖維與蘋果醋、熱敷狗狗的腹部

● 持續腹瀉
→ 帶去動物醫院就醫

● 血便
→ 立刻帶去動物醫院就醫

> 睡眠

事先將狗狗是否睡得安穩或是睡一下就醒來等情況記錄下來，可以評估狗狗的健康狀態。若狗狗在睡眠過程中頻繁醒來，通常表示牠們有哪裡不舒服或感到疼痛，請帶去動物醫院就醫。

〈主要參考文獻〉
『心と体をいやす食材図鑑』アマンダ・アーセル 著（TBSブリタニカ）／『七訂食品成分表2018』（女子栄養大学出版部）／『栄養素図鑑と食べ方テク』中村丁次 監修（朝日新聞出版）／『犬と猫のからだのしくみ』POL & 浅野妃美・浅野隆司 著（インターズー）／『動物の栄養』唐澤豊 編（文永堂出版）『休み時間の免疫学』齋藤紀先 著（講談社）／『中国医学』（東方医療振興財団）

〈主要參考網站〉
「カロリーSlism」 https://calorie.slism.jp/
「食品成分データベース」 https://fooddb.mext.go.jp/